澳门黑沙环工业片区更新计划

Macau Heishahuan Industrial Zone
Undate Plan

胡璟　费迎庆　陈志宏　编著

国家级一流本科课程
城市设计——澳门城市更新专题
国家自然科学基金面上项目
编号 52078223、51578251
福建省自然科学基金面上项目
编号 2020J01070
福建省社会科学规划项目
编号 FJ2018B092
泉州市社会科学规划项目
编号 2019D33
华侨大学科研基金资助项目
编号 13BS206
华侨大学华侨华人研究专项课题
编号 HQHRYB2019-07

东南大学出版社
SOUTHEAST UNIVERSITY PRESS

南京

图书在版编目（CIP）数据

澳门黑沙环工业片区更新计划／胡璟，费迎庆，陈
志宏编著 . — 南京：东南大学出版社，2020.11
（澳门城市与建筑设计教学丛书／费迎庆主编）
ISBN 978-7-5641-9244-0

Ⅰ . ①澳… Ⅱ . ①胡… ②费… ③陈… Ⅲ . ①旧城改
造 - 教学研究 - 澳门 - 高等学校 Ⅳ . ① TU984.265.9

中国版本图书馆 CIP 数据核字（2020）第 241077 号

澳门黑沙环工业片区更新计划

Aomen Heishahuan Gongye Pianqu Gengxin Jihua

编　　著：胡　璟　费迎庆　陈志宏
责任编辑：戴　丽
责任印制：周荣虎

出版发行：东南大学出版社
社　　址：南京市四牌楼 2 号　邮编：210096
出 版 人：江建中
网　　址：http://www.seupress.com

印　　刷：上海雅昌艺术印刷有限公司
开　　本：787mm×1092mm　1/16
印　　张：12.75
字　　数：300 千字
版　　次：2020 年 11 月第 1 版
印　　次：2020 年 11 月第 1 次印刷
书　　号：ISBN 978-7-5641-9244-0
定　　价：128.00 元

经　　销：全国各地新华书店
发行热线：025-83790519　83791830

序言

  华侨大学创办于 1960 年，直属于国务院侨务办公室领导，是国家重点建设的综合性大学。1983 年，我校建筑学作为福建省首个建筑学本科专业，在国务院侨办和社会各界，特别是海外华侨的关怀和支持下迅速成长，成为全国首批第 14 所通过专业评估的学科。2010 年建筑学专业被批准为全国高等学校特色专业建设点。2018 年获批建筑学一级学科博士点，建筑学学科群入选福建省高等学科"双一流"建设学科。现建筑学院拥有建筑学、城乡规划学、风景园林学三个一级学科，可以授予全世界认可的工学博士学位、建筑学硕士学位、建筑学学士学位、城乡规划学学士学位。

  我校建筑学院一直坚持 "面向海外、面向港澳台"的办学方针，秉承"为侨服务"的办学宗旨和"汇通中外、并育德才"的办学理念，至今已培养出大批优秀的建筑专业人才，特别在澳门，涌现出不少出类拔萃的校友，秉持发扬爱国爱澳爱校的优良传统，同时致力于"建筑服务澳门，技术造福民生"的信念，在特区行政管理和设计职业中有着卓越的表现，为完善落实"一国两制"、为澳门的繁荣稳定做出了积极贡献，深得社会认可。

  自 2011 年起，建筑学院在华侨大学澳门校友会的积极推动以及澳门相关政府部门的支持下，开启了澳门城市更新的教学、科研合作，2011 年至今完成了澳门永福围片区、妈阁周边片区、司打口片区、佑汉片区、塔石周边片区、十月初五街、内港历史城区，以及世遗路线周边区域、氹仔老城区、黑沙环工业区等旧城更新活化的设计与研究工作，以澳门城市发展中面临的问题为课题，将开展的系列调研和咨询提案服务于澳门，取得了良好成效与社会影响力。

  本书是 2018、2019 年"澳门黑沙环工业片区更新"教学成果总结，内容包含教师专题讲座和学生设计思考及表现成果，展示了华大学子的专业素养和多元面向，学生作品难免存在许多不足之处，希望这些不够成熟的思考，能够触发更多人对澳门城市的关心和参与，让这一世遗瑰宝持续闪耀。

华侨大学 副校长、博士生导师

刘　塨 教授

2020 年 11 月 8 日

目　录

第一章
课程概况

第一章 课程概况

1.1 选题背景

澳门是中国领土的一部分，位于中国大陆东南沿海，地处珠江三角洲的西岸，毗邻广东省。澳门的总面积因为沿岸填海造地而一直扩大，自有记录的 1912 年的 11.6 km² 逐步扩展至现在的 30 km² 有余。

2005 年 7 月 15 日澳门历史城区[1]因符合世界遗产第二、三、四、六条价值标准，被列入世界文化遗产名录，成为中国第 31 处世界文化遗产。澳门历史城区是中国境内现存年代最远、规模最大、保存最完整和最集中，以西式建筑为主、中西式建筑互相辉映的历史城区，它见证了西方文化与中国文化的碰撞与对话，证明了中国文化永不衰败的生命力及其开放性和包容性，以及中西两种相异文化和平共存的可能性。难能可贵的是，澳门历史城区到今天依然保存原有面貌和延续原有功能，不仅是澳门文化和市民生活的重要部分，更是澳门为中国文化以至世界文化留存的一份珍贵遗产[2]。

开埠以来，澳门从一个中国传统渔村演变为世界遗产城市和世界旅游休闲城市，先后经历了澳门开埠、租界发展、葡萄牙殖民开发、大规模填海发展、澳门回归、历史城区申遗等众多事件。2019 年 2 月 18 日，中共中央、国务院印发了《粤港澳大湾区发展规划纲要》，澳门的定位为"建设世界旅游休闲中心、中国与葡语国家商贸合作服务平台，促进经济适度多元发展，打造以中华文化为主流、多元文化共存的交流合作基地"[3]。澳门城区用地狭小、人口密度高，社会发展变化剧烈，城市空间与现实需求和未来目标间存在矛盾和问题，如何在可持续发展中保存其地域文化积淀，保持其生活形态的多元，把握未来发展的机遇是本次课题的思考方向。

1.2 教学目标

1. 建立从社会、经济、文化出发，进行综合价值判断，将社会价值放在首位，做到以人为本的设计原则。

2. 融合经济、地理、交通、社会、历史、文化等多学科知识，树立"建筑设计—城市规划—景观设计"三位一体的空间设计观，建立从"宏观—中观—微观"多层次分析视角，训练"发现问题—分析问题—解决问题"的问题导向逻辑思考，培养多角度、多维度、系统性对城乡问题的分析和解构能力。

3. 初步掌握城市更新理念与方法、内容、要求和步骤，注重城市存量规划理论方法

---

1 澳门历史城区是一片以澳门旧城区为核心的历史街区，其间以相邻的广场与街道连接而成，包括妈阁庙前地、亚婆井前地、岗顶前地、议事亭前地、大堂前地、板樟堂前地、耶稣会纪念广场、白鸽巢前地等多个广场空间，和妈阁庙、港务局大楼、郑家大屋、圣老楞佐教堂、圣若瑟修院及圣堂，以及岗顶剧院、何东图书馆、圣奥斯定教堂、民政总署大楼、三街会馆（关帝庙）、仁慈堂大楼、大堂（主教座堂）、卢家大屋、玫瑰堂、大三巴牌坊、哪吒庙、旧城墙遗址、大炮台、圣安多尼教堂、东方基金会会址、基督教坟场、东望洋炮台（含东望洋灯塔及圣母雪地殿教堂）等 20 多处历史建筑。

2 http://www.wh.mo/cn/

3 http://www.cnbayarea.org.cn/

与实践，探索新形势下城市发展面临的问题及解决思路，拓展思考理论方法在城市更新实践中的运用。

4. 从实际调查中凝练问题，针对实际问题开展策划研究，基于研究进行针对性设计。提倡人文关怀，结合地域文脉和现实问题提出重建活力、回归日常的模式和策略。

1.3 场地与要求

2018 年、2019 年专题教学聚焦澳门黑沙环工业区，该地区紧邻拱北口岸和港珠澳大桥，地理位置优越，占地约 12 公顷（图 1-1）。该地区自 20 世纪 60 年代起，依托澳门发电厂，发展成以食品业和轻工业为代表的工业区。片区内高层工业大厦林立，城市空间别具特色（图 1-2）。90 年代后，伴随博彩业的兴起，澳门工业衰退，现正面临产业不振、业态杂糅、空间混乱的情况，急需转型发展。本课题目标包括黑沙环工业区整体更新策划、城市空间与结构设计；不小于 2 公顷核心区建筑方案布局及环境景观设计；重点单体建筑设计三部分内容。

图 1-1　基地范围（根据百度卫星地图绘制）

图 1-2　基地照片

1. 研究该地区城市空间历史、现状和未来可能，研究澳门传统文化，研究澳门工业产业的历史和现状，探讨合理有效的高层工业厂房片区更新改造的可能性与方式、内容。

2. 在分析研究的基础上提出改善城市空间的方案、增强该地区城市活力的策略，并进行一定范围的项目策划，开展建筑和环境设计。

3. 结合游客、工人和当地居民的需求，依托原有工业大厦文化，强化澳门特有的多元开放、中西融合文化特色，探讨密集式高层工业片区的改造模式，包括协调和城市环境的关系、建筑功能置换、空间再组织、街道界面优化提升、场所文化再营造等。

1.4 时间与内容（表1-1）

表1-1 各阶段时间与内容

阶段	时间	工作内容	具体细节
第一阶段：前期研究＋计划制订	寒假＋1周	场地研究回顾与现状分析，文献研究与案例分析，相关理论阅读，以PPT形式课堂分享讨论；制订调研计划，划分调研小组，提前制订访谈提纲、调查问卷	初步了解澳门文化、澳门城市发展历程和现状、本次设计对象的相关信息等；理解城市更新的相关理论和成功案例，如城市更新的概念、内涵、范畴、缘起、发展历程、设计方法、实施步骤、参与主体等；有条件的同学可开展案例实地学习，观察其空间组织特点、参与者行为特征、运营方式、业态类型等，分析其成功原因及不足之处
第二阶段：现场调研＋头脑风暴	1周	现场调查，完成调查报告，以PPT形式在现场汇报（前期调研成果共享）；基于初步印象和实地参与的兴奋感，快速提出多个概念设想	依托团队合作快速了解基地及其周边基本信息（包括场地区位、上位规划、周边条件、环境特征、交通组织、景观视线、街道界面、空间特色、日常生活等），进行必要的建筑测绘、问卷、访谈等；各小组进行有针对性调查，发现基地内不同价值和问题，提出创造性设想方案；澳门文化局、澳门科技大学、澳门华侨大学土建协会等建筑师、学者将会以不同形式参与该阶段授课
第三阶段：确定概念＋提出策略	4周	课堂研讨、穿插相关讲座；小组针对整个研究地块提出总体性、概念性规划设计方案	从社会、经济、文化三方面入手，对片区整体定位确定发展目标和愿景，对产业、文化、空间结构提升策划，并提出具体实施内容及步骤
第四阶段：深化设计＋成果整理	6周	小组深化总体设计方案，选择不小于2公顷核心范围进行具体场地空间环境和建筑布局；完善、深化建筑单体设计；完成全部设计成果并进行答辩	选定核心范围和重点区域，进行中观尺度的场地环境、交通组织、沿街界面、建筑群体布局、建筑功能策划、景观结构等设计；建筑单体深化设计，包括平面布局、外立面、周围环境、核心空间、节点表达等
第五阶段：展览策划	暑假	成果整理，展览	展览海报，作业展板，展陈布置

1.5 过程记录（图1-3）

冒雨调研

现场授课

每日汇报

街头访谈

2018年澳门展览现场

2019年开幕式剪彩仪式

2018年合照

2019年合照

图1-3 课程开展过程图片

第二章
旧城更新设计方法

第二章　旧城更新设计方法

2.1　建筑调研中口述资料的整理与运用

（陈志宏、涂小锵、黄锦茹、康斯明）

口述史是以访谈、口述的方式，记载过往人事、搜集史料的一种学术活动。口述史学的根本目的，是获取存留于人们脑海中的有价值的历史信息，将受访人的个人记忆转化为社会记忆，成为文明传承与历史研究的宝贵资源。口述史采访是获取口述资料的根本途径，是进行口述史学研究的必要前提。所谓口述史采访，"即对历史见证的有关人员进行口头调查或口头采访而取得第一手资料，在此基础上进行深入的历史研究"[1]。

建筑学口述访谈具有明确的研究目的，需要通过语言的交流，收集到研究所需的口述资料。通过对建筑设计营造者的访谈，将隐藏在他们身上的人生经验和脑海中的建筑思想、建筑技艺及相关技术进行抢救性记录。

2.1.1　口述资料收集的工作流程

1. 访谈前准备工作

（1）确定选题

通过口述史采访，能否搜集到现有文献资料所缺、无法通过其他途径获取的历史资料，或者能否丰富已有的文献资料，在一定程度上扩展和深化历史研究的广度和深度。

（2）考虑寻找潜在受访者的难度。受访者是进行口述史采访的主角，若找不到合适的受访者，采访则无法进行。

2. 访谈者的选择

（1）重点考虑事件的实际参与者。

（2）除了访谈与事件相关的人员之外，可以选择同一时代对相关历史事件情况相对比较了解的人，或者部分年纪稍轻、在相关方面颇有造诣的专家学者，共同参与讨论。

（3）除了社会知名人士以外，大众同样也是历史活动的参与者和历史发展的推动者，他们同样也会掌握一些颇具价值的信息，并具有不同的视角、认识和体悟[2]。

3. 知识准备

口述史工作者不是在已有文献资料的基础上进行学术研究，而是主动地发掘甚至是抢救可能消逝的活态文献，需要与受访者协作互动。

（1）查阅大量的档案资料。基本资料信息可以对访谈者起到提醒、启发、触动等帮助作用。有关历史事件、时间、地点、人物等信息的相对准确提供，将使访谈者的回忆更加准确[3]。

（2）具备相关的基本知识。只有具备基本知识，才能在访谈中提出有针对性的问题，引起受访者的谈话兴致，发掘有价值的历史资料。

1　邬情. 口述历史与历史的重建 [J]. 学术月刊，2003(06)：78-82，135.

2　李浩. 城市规划口述历史方法初探（上）[J]. 北京规划建设，2017(05)：150-152.

3　李浩. 城市规划口述历史方法初探（下）[J]. 北京规划建设，2018(01)：173-175.

（3）实地调研

4. 采访提纲

为了准备采访提纲，采访者除了具有所需的知识储备之外，还需尽可能地对受访者有更多的了解，包括受访者的人生经历、专业发展、思想感情、兴趣爱好、社会关系等。

如在与匠人的访谈中，确定采访问题时，可以先从传承人基本情况、学习技艺情况、传承技艺情况、教学情况、社会认知度与影响情况这五个大的方面确定大纲，再从这五个方面逐步细化问题。在采访过程中也要遵守逐层深入的原则，避免访谈刚开始就抛出有深度、有难度的问题。访问要循序渐进、由简至难、慢慢深入[1]。

5. 团队

团队人员主要由负责人、学术顾问、摄像人员、录音人员、翻译人员等组成。

6. 物质准备

摄像机、录音机、照相机。采访者要熟悉各种设备的操作技能，并在访谈前对各种设备进行认真检查和实验，使其能正常工作，以免出现故障而影响采访正常进行。

2.1.2 访谈过程

1. 访谈内容

（1）除了与相关事件有关的内容以外，访谈者的人生经历、生活轶事或思考感悟等也可以有所了解。

（2）多准备一些问题，避免采用简单式问答。如："你是在泉州古城长大的吗？"改为"在你小时候，泉州古城是什么样的？"

（3）在访谈中，要将访谈内容细化为便于言说的话题，尽可能使用人们熟悉的语言提出简明扼要的问题，尽量避免理论性太强的问题。

2. 访谈细节

（1）地点选择

应尽可能选择受访者较为熟悉和较为安静的环境，既要让受访者在较为熟悉的环境中从容地接受采访，又要避免外界人员或噪声的干扰，确保访谈顺利进行。

（2）访谈礼仪

尊重受访者的人格尊严与个人习惯，避免因涉及敏感问题而影响访谈的正常进行。

访谈前可提前告知受访者谈及的内容，让受访者有一定的时间准备。

（3）访谈时间

访谈时间应有所控制，不可随意拉长或变更访谈时间，除非征得受访者同意。通常情况下，一次采访在一个半小时或两个小时比较合理。

访谈过程中，要注意观察受访者的身体情况与精神状况，考虑休息时间。

3. 话题控制

（1）当受访者沉浸在自己的回忆之中时，采访者应尽量专心倾听，不插嘴、不打断，不强加自己的观点或与其争辩，也不要根据自己的采访提纲，随意转移话题。口述史访谈的目的是要获得传统文献所没有的历史资料，因此在访谈过程中出现与传统文献资料

---

1 刘璧凝. 北京传统建筑砖雕技艺传承人口述史研究方法探索 [D]. 北京：北京建筑大学，2018.

不一致的信息实属正常。

（2）有时候，受访者在讲述过程中，可能会出现"跑题"的情况，需要采访者具有一定的驾驭能力，把话题拉回到访谈的主题上来。

（3）每次不要提出一个以上的问题（容易重复或者遗漏）。

（4）在受访者讲述过程中，采访者应注意其中细节，对于某些可能隐含史实的细节，不可随意放过，要进行深入挖掘，不厌其烦地追问。

如在蒲仪军《陕西伊斯兰建筑鹿龄寺及周边环境再生研究——从口述史开始》的文章中写道：笔者在与守墓人的谈论中得知，"在宗教改革前，每到传统节日，鹿龄寺都要开放，并做花事，城里及乡邻纷纷来参观，使得这个偏僻清幽的寺庙非常热闹……"顺着这个脉络，作者通过翻阅文献，得出了重要信息：其一，鹿龄寺在当时也有着特别优美的自然及人工环境。与目前面临的严重污染有着天壤之别，那么这样的环境需要如何恢复？其二，指出了鹿龄寺在当时不仅有宗教的功能，更有着郊野公园的功能，并成为人们重要的休闲娱乐的活动场所。那么这种节场能否再现？是否能在修复历史节场空间与激活民俗仪式之间找到本应具有的内在联系？[1]

（5）采访者在访谈过程中，要注意观察受访者的面部表情及肢体动作，因为这些会透露受访者的感情变化以及对某些历史问题的态度，访谈者要敏锐地观察受访者的这些变化，以便及时调整自己的提问方式和访谈主题，当然也可以借题发挥。

4. 补充访谈

在口述史采访结束以后，有时候会发现访谈所获取的信息不够，需要进行补充采访。可以对于上一次访谈的可疑之处及时提出和查证。

2.1.3 访谈结束后的工作

1. 文本转录

通过采访得到的资料大致分三种：现场影音资料，速记文本，受访者提供的照片、模型等材料。

影音资料的整理主要是将各个受访者按"姓名＋采访时间"的命名方式归纳到相应文件夹中；速记文本则可以融入转译后的文稿当中，辅助最终的信息提取工作；受访者提供的实物材料需要进行全面的信息采集复制，如果是具有较高价值的物件，则应该申报相应的博物馆进行保护收藏。

影音资料的文稿转译是一项非常复杂的工作。首先，将其整理成问答形式的文稿，保留受访者叙述中的语气和重复的话；其次，文稿整理完成后要交予专家，等待评审意见，也需要反馈给受访者查漏补缺；最后，经受访人同意后方能定稿发表在杂志期刊上[2]。

2. 文本编辑

（1）原生性记录

明确"口述历史"的基本定位，最大限度地如实反映专家访谈的有关内容，保持口语风格与特点，原则上不对谈话内容做大的修改或文字修饰，同时也不对各次谈话

---

1 蒲仪军.陕西伊斯兰建筑鹿龄寺及周边环境再生研究——从口述史开始 [J]. 华中建筑，2013，31(05)：169-172.

2 崔淮，杨豪中.中国当代建筑理论研究的口述历史方法初探 [J]. 城市建筑，2019，16(02)：176-179.

014

进行综述或评论。

（2）适当编辑

为便于从整体结构上把握访谈的主要内容，适当增加一些概括性的标题，并采用特殊字体予以区别。为便于理解，对某些谈话内容增加一些注释或说明。对于某些口语表述不到位或容易引起误解的谈话内容，进行一些必要的修改。对于某些围绕同一主题的多次谈话，适当加以归并。

（3）突出有史料价值的内容

对于谈话中的一些语义重复的内容，适当予以删减。对于某些敏感性问题，或涉及个人隐私等有关内容，适当予以回避（属于不同学术观点或看法的内容）。对于与城市规划工作关系不大的某些内容，适当予以删除（属于专家讲述个人经历的）。

（4）对访谈内容进行适当扩充

有时候，因受访者文化水平不高，或是不善言辞，或是记忆欠缺，或是受访者不太愿意配合，讲述时语焉不详，语句不连贯，故事不完整。遇到类似情况，有时需要编辑者根据自己所了解的情况，或是所获得的文献资料，对访谈内容进行必要的补充。

（5）将访谈内容与已有文献进行互证

进行口述史采访的目的，是为了获取新的文献，补充已有文献的不足。然而，这并不意味着可以完全抛弃已有的文献资料。口述史采访过程中，经常出现的一个问题是，受访者对于所述内容时间上模糊、故事的不确定性。也就是说，如果不加甄别，有将历史文本变成具有文学色彩的故事文本的可能。为了避免出现这种情况，就必须与已有文献资料进行核对，对于受访者叙述中模糊不清甚至记忆错别的情况进行纠正。

（6）文稿中的分歧

不同访谈者之间的所讲述的内容，有时会有不一致之处。应从"史实"和"认知"两个方面加以解读。

就认知而言，不同的老专家对某项史实持有各不相同的视角、态度与评价，但学术观点的不同属于正常现象。对于这些分歧，不仅不可强求统一，反而应鼓励多样化的争鸣，从而发挥其思辨、启发的功能。

就史实而言，影响老专家谈话的重要方面，即个人记忆的准确性；当然，个人情感或价值倾向等也可能会产生某些影响。凡遇此类问题，在谈话稿整理过程中，通过查询相关文献档案资料，做进一步的核实。对于简单问题，直接予以修正，进而呈老专家审阅和确认（有的在访谈过程中即已及时解决）；对于关键性内容，与老专家做进一步沟通后，再做具体处理。除此之外，仍有一些史实在档案资料中并无相关记载，笔者也不可妄下论断的情形。对此，只能求同存异，维持各位专家的不同表述。实际上，城市规划历史发展的不少问题，往往也是相当复杂的，并且处于不断发展变化之中，不存在唯一性的答案，简单力求统一恐怕也并非明智之举[1]。

3. 整理后，交予受访者审阅、修改及授权

在文字稿出来后，须呈送受访者审阅、修改及授权。

1　李浩 . 城市规划口述历史方法初探（上）[J]. 北京规划建设，2017(05)：150-152.

2.1.4　口述资料的应用方法

在收集整理好口述资料后，该如何应用这个资料？以《马来西亚槟城姓林桥的营建口述记录》为例，文中作者通过与当地桥主儿子与桥上住民的访谈，了解姓林桥的营建过程和建筑特点。

1. 了解历史

涂　阿伯您好，我来自中国厦门，请问这里是姓林桥吗？这座桥有多久历史了呢？

｜天助　是的，这是姓林桥。很早以前就有了，桥头那边有1910年的照片，那个时候已经小有规模了。我是1939年出生，第二年姓林桥被日本炸掉，然后我们搬到其他地方住，八岁的时候重新回到这里。

康　为什么会被日本人炸掉？

｜福生　日军于1941年轰炸槟城，姓林桥中弹失火，大部分桥屋烧尽。原因是中国云南抗日的时候缺少驾兵车和运粮的技工，外请的技工都是从姓林桥坐商船、客船回国去的。日本人那边的间谍收到情报，所以日本飞机第一个进来就轰炸我们的桥。

康　其他桥也有被炸吗？

｜福生　没有，其他桥没有运技工，没有被烧掉。

涂　姓林桥什么时候重建的？有什么不一样的地方吗？

｜天助　日本人走了就重建了。桥头有一张1945年的照片，因为人多了，所以房子也多了。桥头的那段桥比之前的宽了很多，还可以看到有汽车停在上面。

2. 了解桥的搭建过程

涂　桥是怎么建的？用的什么木材？

｜天助　木材是Teak（柚木），其价格昂贵，来自泰国。分为4个步骤：先打水桩（槟城福建话为Tong Ak Ka），一根12英尺（12英尺，约3.66 m），大小为4英寸×4英寸（4英寸，约0.1 m），需要四五个人合力将桩打下一半（约5～6英尺），柱子之间大概是4英尺（4英尺，约1.22 m）的间距；然后在水桩上面搭上与桥面平行的柚木；再搭上垂直于桥面的较短木条；最后才是放的桥板（图2-1）。

涂　要用什么工具？上回采访相公园一位居民时描述他在做水桩的时候会自己坐上去用自身的力将桩打入，你们会用人坐在上面吗？

｜天助　没有人坐在上面。我们是用铁锤，这个很难打。

涂　柱子会容易腐烂吗？这个公共部分的桥是谁维修的？

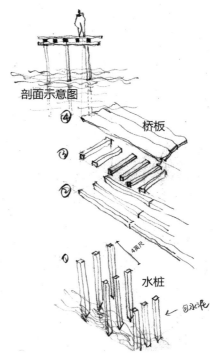

图2-1　据口述整理绘制桥的建造顺序

｜　天助　　不会，打到水里的不会烂，露在外面的就用水泥包起来；由桥主维修公共部分[1]。

　　3. 了解桥屋的搭建过程

　　涂　　建造的过程是什么顺序呢？

　　｜　天助　　底下部分跟建桥是一样的，桥板的部分就是屋子的地板，然后立柱子。（柱子）可以有两种，一种是柱子都一样高，再搭一个三角形的屋架。还有一种就是我们家这样的，柱子不一样高，算好就直接立上去。

　　涂　　房子的大小和高度会有什么要求吗？

　　｜　天助　　没有，自己想建多大都可以。

　　涂　　每栋房子都是单独的吗？旁边房子是不是兄弟亲戚住一排？

　　｜　天助　　不一定，我和邻居这面墙是共用的，他们是我亲戚，我们先建的，后来他建的时候就跟我们共用这根柱子。这根柱子72年了。

　　涂　　中间这根（横木）是什么用途？

　　｜　天助　　这根叫老鼠桥，施工的时候人可以在上面走，同时也起到固定的作用。

　　涂　　这栋房子是五路厝[2]吗？

　　｜　天助　　是五路厝，按照亚答叶[3]的片数来算。

　　涂　　房间有分等级吗？

　　｜　天助　　没有，都一样的。这边一共是3间。后面现在是厨房，在1956年以前是猪圈。旁边这间是浴室。

　　涂　　你们房子没有建五脚基[4]吗？

　　｜　天助　　前面这部分就叫五脚基，没有柱子也算五脚基。

　　康　　我刚走过来时看到很多房子都没有用木头了，都换成新材料了，是什么时候改的？现在一般是用什么材料替换木板？

　　｜　福生　　大概10多年前拆除木板屋，改用新材料。木头太贵了，而且不挡风雨。我们家是2000年更换的，以前木板16英尺长（16英尺，约4.88 m）只要几块钱，而现在卖七八十块，没办法只能选新材料（图2-2、图2-3）。

1　陈志宏，陈芬芳 . 建筑记忆与多元化历史 [M]. 上海：同济大学出版社，2019:12-13.

2　马来西亚民间以亚答铺盖屋顶的行数称为"路"，并用"路"来衡量木屋的大小规模。一般，3.66 ～ 4.57 m 宽的客厅铺三行，2.74 ～ 3.05 m 宽的房间铺两行，所以一栋两开间，即一厅一房面宽的木屋叫"五路厝"。原文参考自：陈耀威 . 木屋—华人本土民居 [C]// 廖文辉，等 . 马来西亚华人民俗研究论文集 . 吉隆坡：策略咨询研究中心，新纪元大学学院，2017：71.

3　亚答叶主要采用亚答树（马来语：atap）或者其他当地棕榈树的叶子，屋顶采用亚答叶的东南亚传统建筑称为"亚答屋"。

4　五脚基，指的是连栋式店屋的街区，其首层的部分必须留设有顶盖的五尺（约1.5 m）步行通道，为行人防晒及遮雨。典型的五脚基有着连续性的柱廊。后于田野调查中发现，当地华人称自家木屋前（包括没有柱子的木屋）都为五脚基。"五脚基"一词的由来，一方面是英文字面上的直译（foot 既是英尺，也是脚），一方面则是受到马来语的影响，马来语称英尺叫"Kha Gi"，海外福建人将这个结合英语与马来语的拼音转译成"脚基"，用以描述这种新的建筑形式。原文参考自：江柏炜，"五脚基"洋楼：近代闽南侨乡社会的文化混杂与现代性想象 [J]. 建筑学报，2012（10）：92-96.

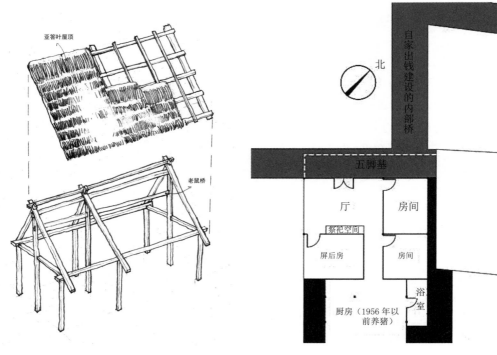

图 2-2 根据口述整理绘制桥屋结构示意图　　　　图 2-3 根据口述整理绘制桥屋平面布局

参考文献

[1] 邬情. 口述历史与历史的重建 [J]. 学术月刊，2003，36（6）：77-82.

[2] 李浩. 城市规划口述历史方法初探（上）[J]. 北京规划建设，2017（5）：150-152.

[3] 李浩. 城市规划口述历史方法初探（下）[J]. 北京规划建设，2018（1）：173-175.

[4] 刘璧凝. 北京传统建筑砖雕技艺传承人口述史研究方法探索 [D]. 北京：北京建筑大学，2018.

[5] 蒲仪军. 陕西伊斯兰建筑鹿龄寺及周边环境再生研究：从口述史开始 [J]. 华中建筑，2013，31（5）:169-172.

[6] 崔淮，杨豪中. 中国当代建筑理论研究的口述历史方法初探 [J]. 城市建筑，2019（2）：176-179.

[7] 陈志宏，陈芬芳. 建筑记忆与多元化历史 [M]. 上海：同济大学出版社，2019.

[8] 黄美意. 基于口述史方法的闽南溪底派大木匠师谱系研究 [D]. 泉州：华侨大学，2019.

本文部分成果已发表：

[1] 陈志宏，陈芳芳. 建筑记忆与多元化历史—中国建筑口述史文库（第二辑）[M]. 上海：同济大学出版社，2019.

2.2 民间建筑史料的收集及运用

（陈志宏、钱嘉军、于颖泽）

历史城市与聚落调研资料的获得是下一步保护改造设计的重要依据，需要通过实地考察记录并获取相关的历史文献作为研究基础素材。在调研时需要去当地档案馆、图书馆、博物馆等机构查阅文献资料，收集城市发展社会人文史料、城市规划档案、建筑设计资料等相关材料。对于历史街道、乡土聚落、传统建筑可能只有实物遗存，没有太多历史档案资料，不清楚其设计意图、建造过程以及后续的改造设计等，也基本没有文字记载。但是，中国各地的历史城市和聚落现存大量形式多样的民间历史文献，如族谱碑刻、契约文书、账本书信等内容。"这些来自民间的历史文献资料，反映了中国传统社会的日常生活方式，为中国本土人文社会科学研究提供了资料宝库"[1]。通过对民间历史资料的收集，并结合现场调研和口述访谈，以及历史图像、实物和文字记载对照的方式，可以梳理历史城市与建筑背后的社会、历史文化因素，为历史城区和建筑研究设计提供新的依据。

2.2.1 族谱

族谱，又称谱牒、宗谱，是一种主要记载宗族源流、世系繁衍和人物事迹等内容的民间史料。一般而言，族谱修编与否，其决定因素，是家族中是否已经有经济能力以及是否有了重视家族整合的文人出现。族谱的修编工作包括收集资料、考订材料、编写与印刷等过程[2]。

1. 族谱的构成

先秦时期宗法制兴起，谱系记录具有重要的政治职能。魏晋隋唐时期，士族制度成为重要的政治制度，谱系记录益受重视。进入宋代，欧苏谱例形成，开创了流传千余年的谱系记录格式。

"欧苏谱例"指的是欧阳修和苏洵各自在编修族谱时，发展出来的比较完整的修谱体例。该体例的核心为五世一图的谱系记录方法，而其内容则包括谱序、谱例、谱图、后录四个部分。家谱体例多采用欧苏之法。"谱序"叙述本族简史；"谱图"记录本族世系人物；"谱例"阐述其族谱编修原则，"后录"记录先世考辨、先世人物小传、大宗谱法以及反映祠堂建立过程的"亭记"等内容。

明清以来，家谱记事范围受方志等文本的影响，在谱序、谱例、谱图、后录等组成部分的基础上，内容不断增多，篇幅不断扩大，恩纶录（收录帝王和官员对家族成员封赠、褒奖文字）、墓图、族规家训、艺文（收录家族成员的代表作品）等不断进入族谱，使族谱作为史料的内容越来越多[3]。

2. 族谱内容的运用

从族谱的构成来看，宋以后的中国传统社会中，族谱的内容可以简要总结为记述家族世系关系人口以及社区生活，为我们了解社区的人口过程和历史文化提供基础的文字记载[4]。同时，族谱不仅仅是历史文化的重要载体，更是社会生活的重要组成部分。

1　郑振满 . 族谱研究 [M]. 北京：社会科学文献出版社，2013：1.
2　黄国信，温春来 . 历史学田野实践教学的理论、方法与案例 [M]. 桂林：广西师范大学出版社，2017：68.
3　黄国信，温春来 . 历史学田野实践教学的理论、方法与案例 [M]. 桂林：广西师范大学出版社，2017：66-67.
4　郑振满 . 族谱研究 [M]. 北京：社会科学文献出版社，2013：3.

因此，对族谱的研究不应该像传统史学那样，只是对文字资料加以引用，而应该把族谱文本本身作为一个历史过程的主体加以解读和分析，探讨族谱文本与社区生活的历史互动关系。

3. 运用族谱时，需要注意的问题

（1）将族谱作为文本，在明确其语境的情况下使用族谱

在运用族谱时，一定要对族谱的形成过程以及其中的各种关系，尤其是利益关系，有深入的了解。不可把族谱当成是无须分辨的默认的史料。

（2）细读族谱的各个部分，无论是序言还是谱系，都要把握

运用族谱要从读懂族谱开始，如果不熟悉，就会在使用过程中遗漏许多重要信息。

（3）对制度、地方历史背景有较多的了解

建筑史研究，始终无法摆脱各种制度与时、空关系。如果对制度和地方史没有一定的了解，就无法发现族谱中某些与制度和地方历史不吻合的内容，也无法将族谱记载的信息与当地乃至国家历史联系起来理解[1]。

4. 宗族族谱世系关系与空间聚落

（1）宗族聚落的形成条件

台湾学者陈其南认为"狭义的宗族团体"形成具备三个条件：①血缘关系；②设立宗祠，有族产；③编著族谱。

（2）宗族聚落的形成

以灵水吴氏族谱为例，观察灵水吴氏宗族的发展与聚落空间演变。

①灵水古村落整体风貌与布局特征

从整体空间层面来看，灵水古村落风貌保存完整。聚落中心保存着布局有序的红砖古厝群，外围是较晚出现的洋楼和石筑民居，充分展现了灵水古村落的建筑风貌。由聚落整体空间布局图（图2-4）的可以看出，妇女坝、玉兰坝和灵水渠将聚落空间分成了后乡和前乡两大部分。后乡建筑空间分布较为集中，围绕金菊山发散状布局；前乡建筑空间围绕纱帽山呈分支状布局。从古村落路网分布情况可以看出，后乡路网呈现自由生长状态，没有明显秩序。民国时期有华侨捐建骑楼街和灵水石板路，将村落中心与泉安公路建立了联系，大量洋楼建筑呈现沿街分布特征。相比之下，前乡的路网呈现有序的分支发展状态，可以看出前乡聚落发展存在一定的规划秩序[2]。

图2-4 聚落整体空间布局图
（底图来源：晋江市住房和城乡建设局提供，作者整理）

---

1 黄国信，温春来.历史学田野实践教学的理论、方法与案例 [M].桂林：广西师范大学出版社，2017：86.

2 于颖泽.闽南侨乡传统宗族聚落空间结构研究 [D].厦门：华侨大学，2013：40.

②不同时期建筑空间布局

按照历史发展分期，灵水古村落空间发展经历了明清时期、民国时期、新中国—改革开放和当代发展四个阶段。我们通过族谱世系图与聚落空间中建筑分布情况对应观察，得到不同类型建筑出现时间统计图（图2-5）。我们发现，灵水古村落中的古厝民居、宗祠祖厝、宫庙建筑，基本都出现于明清时期和民国时期，不同时期均有修缮情况。而洋楼民居则集中出现在民国时期和新中国成立后，商住骑楼出现在民国时期，石筑民居和现代建筑多出现在新中国成立后。

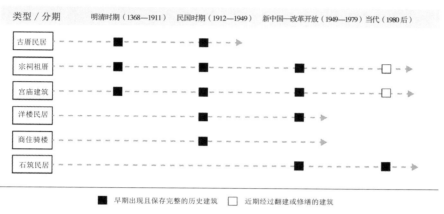

图2-5　不同类型建筑出现时间统计图

将不同时期建筑空间分布情况进行叠加（图2-6），可以看出灵水古村落不同年代的空间发展呈现出从内向外、从山上到山下发展的整体规律。聚落整体空间形态，经过明清时期的发展已经基本形成，这个阶段村落的发展速度相对缓慢，空间的生长更替也有秩序可寻。然而，民国和新中国成立后的古村落外围空间发展，却呈现出了迅速扩张之势。民国时期华侨返乡建设洋楼，直接带来了空间形态的显著变化；新中国成立后的聚落发展受到城市化建设的冲击，外围出现大量的自建房，聚落空间发展呈现无序蔓延。

图2-6　不同时期建筑空间分布图
（底图来源：晋江市住房和城乡建设局提供，作者整理）

③宗族发展与聚落变迁

祠堂作为传统村落空间的重要组成部分，其分布情况与宗族组织的发展与分化息息

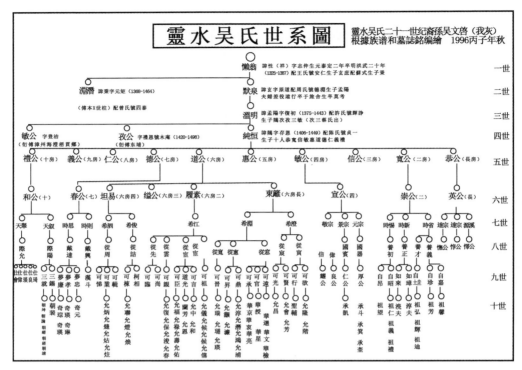

图 2-7　灵水吴氏世系图

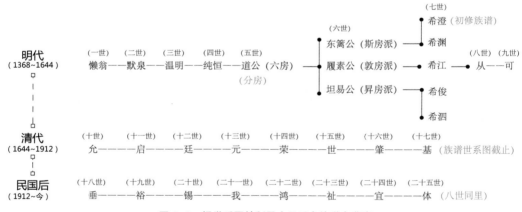

图 2-8　据世系图绘制灵水吴氏宗族世字辈表

相关。据此，观察灵水古村落吴氏宗族发展与聚落变迁的关系，宗祠与祖厝的分布便成为重要依据。

根据吴氏族谱，吴氏宗族的发展大致可分为定居阶段（1—4 世）、分房阶段（5 世）、各房发展（6—10 世）、宗族聚落形成（11—17 世）四个时期[1]（图 2-7 ～图 2-12）。

吴氏宗族的 1—10 世在发展过程中建设了大量的宗祠，并且拥有自己的族田产业，从第 7 世吴希澄开始编著吴氏族谱，这标志着吴氏宗族的形成。另外，从定居到宗族的形成过程中，灵水古村从早期杂姓村到后期演化为吴氏单姓宗族聚落。

10 世之后灵水古村主要是吴氏宗族的发展，到 17 世聚落继续扩张，此时的宗族发展

1　于颖泽.闽南侨乡传统宗族聚落空间结构研究[D].厦门：华侨大学，2013：44.

图 2-9 定居阶段（1—4 世），整体布局相对分散（底图来源：晋江市住房和城乡建设局提供，作者整理）

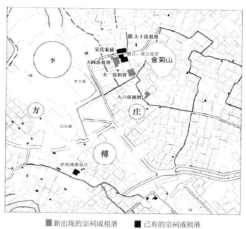

图 2-10 分房阶段（5 世），以家庙为中心分散布置（底图来源：晋江市住房和城乡建设局提供，作者整理）

图 2-11 各房发展（6—10 世），房派分布出现明显分区（底图来源：晋江市住房和城乡建设局提供，作者整理）

图 2-12 宗族聚落形成（10—17 世），各支系以各自宗祠为中心，形成各自发展的区域（底图来源：晋江市住房和城乡建设局提供，作者整理）

已经到了清末时期，整个聚落的发展与吴氏宗族的发展同步，宗族聚落已经形成。

伴随着宗族的分化，10—17 世的聚落空间呈现出区域分布特征。宗族各支系以各自宗祠为中心发展，最终形成各自发展的区域。其中早期聚落集中在后乡，到清末时期主要在后乡衍传的是吴氏的二房支系和昇房派（六房四）。从六世开始斯房和敦房相继定居前乡，后期在前乡衍传的吴氏宗族主要是六房的斯房派和敦房派，经过几世的发展形成南北两个部分。因此，可以看出灵水古村落发展到清末时期衍传的主要是以家庙为中心的二房支系，和以各自宗祠为中心的斯房派、敦房派、昇房派，这也是现状灵水古村落的整体空间构成[1]。

5. 族谱与社区生活

族谱本身是由民众在具体的生活经历中编纂、生产出来的，并被使用和流传，从而与社区民众的日常生活息息相关[2]。

1 于颖泽. 闽南侨乡传统宗族聚落空间结构研究 [D]. 厦门：华侨大学，2013：49.
2 郑振满. 族谱研究 [M]. 北京：社会科学文献出版社，2013：3.

闽南侨乡族谱记载了很多有关华侨参与侨乡村落发展建设的资料。部分族谱内容涉及华侨在乡建造房屋、置办产业、修理祖墓、捐资修理宗祠及宫庙、兴办学校、修桥造路、捐修族谱、接济乡里、维护地方治安等方面。以《德远堂张氏族谱》为例，南靖县书洋镇塔下村《德远堂张氏族谱》中详细地记载了张氏华侨在乡的建设活动，主要包括在乡建造房屋、修建宗祠和宫庙、创办学校、建设曲江市场以及兴修水利道桥等事例，体现了塔下张氏华侨对于侨乡村落发展建设所起到的巨大推动作用[1]。

图 2-13 张氏宗族分布
（根据百度卫星图绘制）

（1）塔下张氏宗族分布与出洋情况

根据《德远堂张氏族谱》记载："一百三十一代塔下开基始祖小一郎公，妣华氏始创塔下，衍派西来，由永定金沙蕉坑里……于明宣德元年（1426年）七月十四日肇基塔下。"[2]

张氏一族在塔下开基定居，随后又繁衍扩展至大坝、南欧两社，形成"三社一族"的族群分布。近代又扩至曲江村，形成"四村一族"的宗族分布（图 2-13）。

表 2-1　部分由华侨参与修建的房屋

序号	建筑名称（地点）	建造年代	建造者	侨居地	建筑形式
1	燕山楼（大坝）	清末			不规则形土楼
2	裕德楼（塔下）	1879 年	张桂龙	新加坡	圆形土楼
3	衍庆楼（塔下）	1896 年			方形土楼
4	顺源楼（大坝）	清末民初	张立昌	印尼	方形土楼
5	会源楼（大坝）	清末民初	张南昌	不详	外廊式楼屋
6	顺庆楼（塔下）	1913 年	张顺良	新加坡	方形土楼
7	顺昌楼（塔下）	1927 年（改建）			圆形土楼
8	万和楼（大坝）	1914 年	张煜开	印尼	圆形土楼
9	浚源楼（塔下）	1963 年	张松祚	缅甸	方形土楼
10	积兴楼（大坝）	1974 年（重建）	张德朗	印尼	方形土楼
11	永富楼（南欧）	新中国成立后（修复）	张建生	印尼	方形土楼

燕山楼　　　　裕德楼　　　　衍庆楼　　　　顺源楼　　　　会源楼

顺庆楼　　　　顺昌楼　　　　万和楼　　　　积兴楼　　　　永富楼

图 2-14　部分由张氏华侨参与修建的房屋

1　钱嘉军. 民间史料视角下的闽南近代侨乡村落建设研究 [D]. 厦门：华侨大学，2018：59.
2　南靖县书洋镇塔下村《德远堂张氏族谱》由归国华侨张顺良于民国三十五年（1946年）发起重修，1949年脱稿付梓。后又于1990年再次编修。

关于塔下张氏族人的出洋情况，《德远堂张氏族谱》中也有相关的描述。塔下张氏族人最早出洋的时间是在19世纪初，由"新遂公"率先出洋，随后南渡者络绎不绝，并在新加坡、印尼、缅甸等侨居地繁衍生根。塔下张氏华侨在海外侨居地的发展壮大，为其随后参与、推动家乡的发展建设奠定了坚实的基础。

图 2-15　曲江市场现状

（2）张氏华侨与侨乡村落建设

①房屋的建造

根据《德远堂张氏族谱》中的记载，塔下、大坝、南欧三社很多房屋（表2-1）都是张氏华侨参与捐资修建的。

这些海外华侨在乡建造的大部分住屋的建筑形式都为土楼（图2-14），也有少数是外廊式楼屋，如会源楼。值得注意的是，有些华侨建造的房屋还带有一些西式的建筑元素，如西式窗套、南洋风格的宝瓶栏杆等，这在一定程度上体现了华侨的审美情趣，也反映了中西方文化的在地融合[1]。

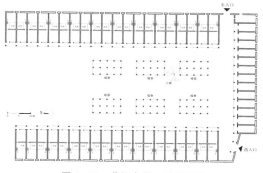

图 2-16　曲江市场一层平面图

②曲江市场的兴建

对于曲江市场的兴建，《德远堂张氏族谱》中详细地记载了张氏华侨发起建造的始末。南靖县书洋镇曲江市场建成于1920年，是由塔下张氏华侨张顺良等人发起兴建的，是当时福建省规模最大的市场，形成了永定、平和、南靖三县交界的热闹墟市，极大地便利了山区人民的商品交易，促进了山区经济的发展。

根据族谱史料中的记载，塔下张氏华侨于民国八年（1919年）双十节发起建墟会议，由教员陈伯英先生绘制市场建筑图，并悬挂于会场向大众展示。曲江市场平面呈"U"字形布局，市场南侧为14间一层矮店，西侧为19间二层店屋，东侧为20间二层店屋，共计53间店铺，中间6座墟寮（开敞式摊位）。曲江市场南北长约110 m，东西宽约70 m，规模宏大，建成后成为永定、平和、南靖三县重要的商品交易中心[2]（图2-15、图2-16）。

2.2.2　碑刻

碑刻，又称碑铭、碑志，是一种常见的民间史料载体。碑刻的最大特点就是"因镌刻而慎重，因众目而真实，因勒石而经久"[3]，即具有极高的公开性、真实性与经久性。

"进村找庙，进庙找碑"[4]，碑刻作为重要的民间历史文献，形成于区域社会的内在

1　钱嘉军 . 民间史料视角下的闽南近代侨乡村落建设研究 [D]. 厦门：华侨大学，2018：64.
2　钱嘉军 . 民间史料视角下的闽南近代侨乡村落建设研究 [D]. 厦门：华侨大学，2018：74.
3　晋江市政协文史资料委员会 . 晋江碑刻集 [M]. 粘良图，陈聪艺，编注 . 北京：九州出版社，2012.
4　郑振满 . 我们为什么要进村找庙、进庙找碑？ [N/EB]. 澎湃新闻网 https://www.thepaper.cn/newsDetail_forward_1264617

脉络中，包含了许多"地方性知识"，不但碑文本身能够为研究者提供丰富的信息，甚至是碑刻的形制、品相、位置、材质等，都能够说明一定的问题[1]。

1. 碑刻种类

碑刻的种类非常丰富，摩崖石刻、墓志铭、祠堂碑、庙碑、水利碑乃至旗杆石、钟鼎铭文等都是乡村社会最为真实的史料。

2. 碑刻的收集

目前对碑刻的收集和整理，主要通过广泛的田野调查，进行走访、普查，全面地搜集、拍摄和记录散失在乡村的各类碑刻等方式开展。对碑刻的形成过程、保存状况和社会功能进行深入调查，力求在具体的历史环境中解读其文化内涵和传承机制。

3. 碑刻信息的整理

（1）碑文

碑刻本身的碑文可以为研究者提供丰富的信息。

（2）碑刻的其他信息

①详细记录碑刻的存放具体地点、位置、安装方式及标识等，这些信息也能说明一定的问题。

②整理碑刻资料时，既要整"碑"，又要理"文"，我们尤其要注意碑刻的制作和流传过程，也要注意碑刻的形制特征、文本传统与历史文化内涵。

③既要对碑的材料、质地、颜色、大小、长宽、高矮、厚薄等进行详细记录，又要对碑刻上文字的大小、行款、字体、格式，特别是内容等加以全面记录[2]。

（3）碑刻与当地的关系

特别关注碑铭与地方社会、普通民众、日常生活的关系，试图从中发现历史的潜流，倾听底层社会的声音。

（4）碑刻与其他民间文书系统

在收集和整理碑刻的同时，还要注重对族谱、科仪本、契约、账簿、书信、文集等其他民间文献的收集。碑刻往往是出于某种目的被制作出来的，被制作出来后必然承担某种功能，文书流传则反映了碑刻的使用情况，碑刻的持有者、存放地（如宗族、祠堂、商号、公所等）等都是碑刻、文书使用并自然流传过程中的一环。将碑刻与族谱、文书等民间文献以及围绕碑刻资料访谈调查得来的口述史料，加以对比和参照，可以获得对乡村社会文化更加全面和深刻的理解[3]。

4. 碑刻的运用

闽南侨乡村落中保存着大量的碑刻，并且这些碑刻史料中涉及大量有关华侨与侨乡村落发展建设的信息。这些碑刻主要集中在泉州、厦门两地，内容涉及华侨捐资修建宗祠祖厅、宫庙寺院、书院学校、水利道桥、慈善机构，以及华侨在乡建造民居、墓园等方面。

（1）公益事业

碑刻史料中涉及华侨参与侨乡公益事业建设的内容主要可分为以下五类：①捐修宗祠祖厅；②捐建宫庙寺院；③捐办书院学校；④兴修水利道桥；⑤捐助慈善机构[4]。

1　黄国信，温春来.历史学田野实践教学的理论、方法与案例 [M].桂林：广西师范大学出版社，2017：61.
2　郑振满.碑铭研究 [M].北京：社会科学文献出版社，2013.
3　黄国信，温春来.历史学田野实践教学的理论、方法与案例 [M].桂林：广西师范大学出版社，2017：33.
4　钱嘉军.民间史料视角下的闽南近代侨乡村落建设研究 [D].厦门：华侨大学，2018：127.

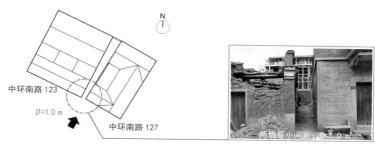

图 2-17　中环南路 123 号与中环南路 127 号建筑组团

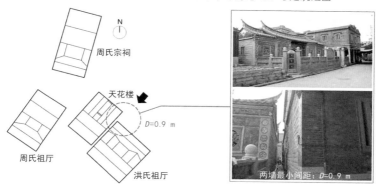

图 2-18　天花楼建筑组团

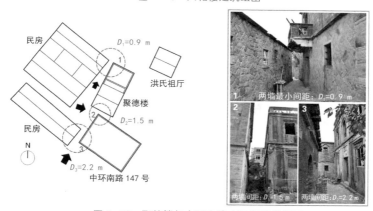

图 2-19　聚德楼与中环南路 147 号建筑组团

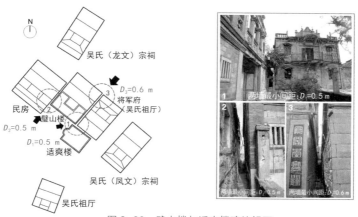

图 2-20　璧山楼与适爽楼建筑组团

027

（2）建造规约

闽南地区向来注重风水，华侨在乡建造房屋也往往因为风水迷信之说而受到干预与阻碍，甚至发生流血冲突事件。为此，有些华侨与地方开明之士共同商议，制定房屋的建造规约，以破除风水迷信的陋习，保障海外华侨及乡人可以合法、自由地在乡建造房屋。《后溪改良风俗碑记》就记载了晋江龙湖镇后溪村破除迷信、保障华侨及乡人合法自由建造房屋的乡约民规。

晋江金井围头村的《围江盖屋碑记》则更加详细地制定了相关的盖屋规则。从《围江新民村盖屋规则》中可以看到，该规则详细地制定了盖屋的相关规定，共 23 条，涉及村民的盖房权利、房屋的地基界线、周边环境、房屋间距、层高样式、所纳款项等。对于建筑间距的要求，《围江新民村盖屋规则》中第五条、十二条都做了相关的规定。第十二条对于新盖房屋的规定："建筑新屋，其外面四周须各留三尺充作公路，以鲁班尺为准。"根据第十二条规定，新建房屋的间距应不小于 0.9 m。根据实地的测量数据，部分房屋的建筑间距如图 2-17 ～图 2-20 所示。

5. 墓园的建造

华侨在外致富后，往往以荣归故里为荣，并把建大厝、祠堂、书斋、坟墓作为人生的四件大事。近代闽南地区华侨在乡所建的坟茔墓园，规模各异，数量众多。而其中规模最大、最为宏伟的，是晋江东石的旅菲华侨巨商黄秀烺在其家乡建造的"古檗山庄"。

古檗山庄位于晋江东石檗谷村，由旅菲华侨黄秀烺建于 1913 年至 1916 年。墓园主人黄秀烺于 1916 年所做的《古檗山庄家茔记》和《附古檗山庄家茔图说》两篇碑刻则分别记载了建造古檗山庄的缘由以及古檗山庄的基本情况（图 2-21）。

《古檗山庄家茔记》记载了古檗山庄的建造缘由，《附古檗山庄家茔图说》则更为详细地描述了古檗山庄的基本布局，《附古檗山庄家茔图说》中记载了古檗山庄的位置及周边环境，以及整个墓园的布局。黄秀烺还特地请人刻绘了古檗山庄的平面图及透视图。

2.2.3 民间史料的应用

建筑不是孤立存在的，建筑与社会、经济、人文都有着密切的联系，对其研究也不仅仅是对建筑实体的研究，其背后的社会、经济、人文因素同样值得关注。民间史料作为一种基本

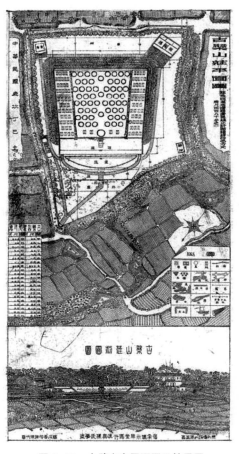

图 2-21 古檗山庄平面图及效果图
（图片来源：根据自摄碑刻照片及《中国近代建筑研究与保护（五）》第 535 页图片复原所得）

的史料类型，承载着特定时代、地域和群体社会生活信息，具有极高的原始性与真实性。通过建筑实体结合民间史料，可以更加深入、全面地了解建筑建造背后的原因及过程。不同的民间史料，其记载内容、方式也有不同的特点[1]。

从表 2-2 可以看到，就族谱、碑刻民间史料而言，其记载的内容各有侧重，涉及侨乡村落建设的层面也有所不同。了解不同民间史料的特点，可以使民间史料的应用更有目的性和针对性，提高民间史料的运用效率。

表 2-2　相关民间史料的特点

史料类型	记载内容	主要涉及及建筑类型	记载形式
族谱	宗族源流、世系繁衍、人口迁徙、山川地势、科举仕官、婚丧祭祀、人物生平事迹等	民居、宗祠、宫庙、学校、墓茔、水利道桥等	文字、图片
碑刻	功名纪念、乡约民规、墓志墓表、宗祠宫庙及公益建设的修建始末、捐资情况等	宗祠、宫庙、墓茔、学校、水利道桥等	主要为文字

参考文献

[1] 郑振满 . 族谱研究 [M]. 北京：社会科学文献出版社，2013.

[2] 黄国信，温春来 . 历史学田野实践教学的理论、方法与案例 [M]. 桂林：广西师范大学出版社，2017.

[3] 于颖泽 . 闽南侨乡传统宗族聚落空间结构研究 [D]. 泉州：华侨大学，2017.

[4] 钱嘉军 . 民间史料视角下的闽南近代侨乡村落建设研究 [D]. 厦门：华侨大学，2018.

[5] 粘良图，陈聪艺编注 . 晋江碑刻集 [M]. 北京：九州出版社，2012.

[6] 郑振满 . 我们为什么要进村找庙、进庙找碑？[N/EB]. 澎湃新闻网 https://www.thepaper.cn/newsDetail_forward_1264617

本文部分成果已发表：

[1] 晋江市灵水古村落空间结构解析 [C]. 第 22 届中国民居建筑学术年会论文集，2017.

[2] 族谱史料视角下的闽南近代侨乡村落建设研究 [C]. 第 23 届中国民居建筑学术年会论文集，2018.

1　钱嘉军 . 民间史料视角下的闽南近代侨乡村落建设研究 [D]. 厦门：华侨大学，2018：173.

2.3　山地聚落与传统民居的调研方法——以漳州市平和县福塘村为例

（费迎庆、吴焱寒）

2.3.1　调查背景和方法目的

1. 位置与气候

福塘村位于我国东南部福建省漳州市平和县秀峰乡，东至平和县城 140 里（70 km）左右，西至大埔县城 160 里（80 km）左右，是一座位于闽粤交接处的山村。平和县的气候类型属亚热带季风气候，2017 年降水量约 1443.5 mm，年平均气温约 22℃，年日照时数约 1917.1 h。

2. 历史建制

元朝至治年间（1321—1323 年），设南胜县，县城置于今日平和县南胜镇；至正十六年（1356 年），设南靖县，县城置于今日靖城。

明朝正德十二年（1517 年）设平和县，县城置于今日平和县九峰镇。明末前，福塘村形成朱、杨、曾等多姓氏合居聚落，称为大丰社。

清初，设平和县清宁里大丰社，故延续了明制。道光年间，设北关约上大上丰。

民国二十三年（1934 年），设平和县第一区上大峰乡。民国二十八年（1939 年），设维新乡坪峰保。民国三十七年（1948 年），设平和县维新乡大峰保。

1950 年，设平和县第八区福塘乡。1958 年，设长乐人民公社大峰乡。1984 年，设长乐乡福塘村。1993 年，设秀峰乡。

现福塘村属秀峰乡所辖 10 个行政村之一，领南山、塘背科、福垱美、村美 4 个自然村，面积约 3.6 km²，人口约 4 550 人。

3. 宗族沿革

福塘村主要姓氏为朱、杨、曾等（图 2-22）。

朱氏为主要姓氏之一，现有族人约 2 200 人。明末朱氏十二世朱建（1611—1681 年）从九峰苏峰迁入上大峰；清初十三世朱石（1650—1715 年）迁居亲睦堂，为南山开基祖。

杨氏为主要姓氏之二，现有族人约 1 000 人。明朝崇祯年间，杨氏国赛公（1630—1667 年）从九峰杨厝坪迁入塘背科，为塘背科开基祖。

曾氏为主要姓氏之三，现有族人约 800 人。曾氏十世曾元班从九峰苏洋迁入福垱美，为福垱美开基祖。

故福塘村居民祖先多为明清时代九峰迁入的住户。

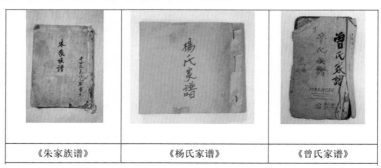

| 《朱家族谱》 | 《杨氏家谱》 | 《曾氏家谱》 |

图 2-22　福塘村主要姓氏族谱封面

4. 经济产业

福塘村为山地村落，山多地少是其一大特征之一，且主要经济来源为农耕作物，这样的矛盾使得福塘村民外出谋求生计。

福塘村民善于经商。如，朱氏宜伯公乾隆年间外出经商，于江西抚州经营烟草生意，后被誉为"一乡之伟人"；大弼贤公创办烟丝厂，烟丝远销江西、台湾等地。杨氏杨友政清末在泰国创办福安堂药行，其子嗣多为福塘基础建设捐款捐物。

福塘村民善于读书。如，朱氏十六世（乾隆嘉庆年间）有国学生 9 人、例贡生 5 人、武庠生 5 人、文庠生 2 人、武举人 1 人。又如曾氏文武庠生有十数人，其中曾益州为雍正乙卯科（1735 年）武举人，曾炽为咸丰壬子科（1852 年）文举人。

福塘村民善于耕种。如种植烟叶和蜜柚等农作物等，使得福塘成为有名的烟草和蜜柚产地。

5. 调查目的和方法

调查方法主要利用文献收集、村民访谈、摄像摄影、建筑测绘等方法，把握福塘村宏观的历史背景、文化遗产等，了解福塘村微观的日常生活、建筑特征等。文献收集主要以家族族谱、历史信件等为对象，捕捉福塘村家族脉络和历史沿革；村民访谈主要以乡绅名士、普通乡亲为对象，了解福塘村重大事件和世俗生活；摄像摄影主要以物质空间、行为仪式为对象，记录福塘村现实环境和日常活动；建筑测绘主要以风貌建筑、家具摆设为对象，把握福塘村传统空间和现代生活。

2.3.2 聚落形态

1. 地理特征

福塘村（图 2-23）位于南侧五凤山和北侧秀峰山的两山之间，山体呈现南北相对，村落呈现东西展开，所以福塘村顺延博平岭余脉的山涧河谷分布。两侧山间的流水汇入山间谷底，水系呈现树状，人称"福塘溪"，又称"仙溪"，是芦溪的主要支流。福塘村与山水相伴，形成了"东方旭日""猴子窥井""仙溪探梅""南天一柱""桂岩春雨""西狮惊涛""犀牛望月""鲤鱼跃北斗"的福塘八景。

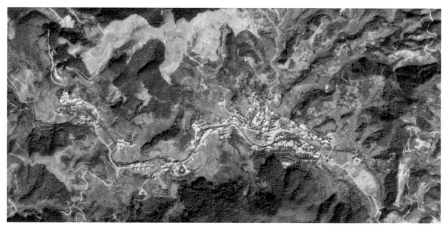

图 2-23 福塘村卫星地图
（图片来源：天地图卫星地图）

2. 聚落历史

根据村民讲述的传说，福塘溪原为直线形态水系，朱氏宜伯公的娘舅是永定下坑的半仙钟氏，钟氏认为五凤山形如火焰，秀峰山状似水流，一南一北，一火一水，通合阴阳，建议改直为曲，村民从之。福塘溪呈现S形，曲处心腹掘井得水，清朝时期宜伯公在阳鱼水井处修建南阳楼，民国时期杨友政在阴鱼水井处修建聚奎楼，随着人们在双楼周边修建住宅，渐渐形成了太极阴阳双鱼的聚落格局（图2-24～图2-27）。

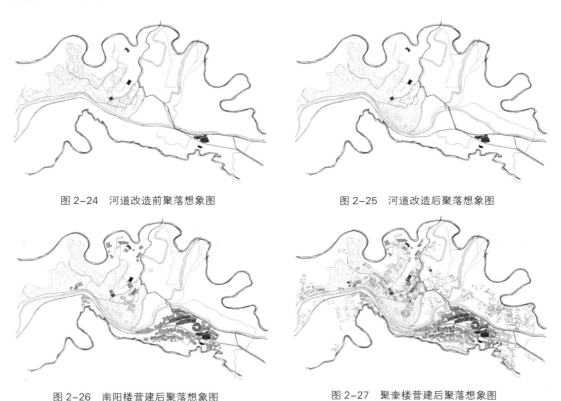

图 2-24　河道改造前聚落想象图　　　　　　　　图 2-25　河道改造后聚落想象图

图 2-26　南阳楼营建后聚落想象图　　　　　　　图 2-27　聚奎楼营建后聚落想象图

3. 聚落分布

福塘村领南山、塘背科、福垱美、村美4个自然村（图2-28）。南山为朱氏聚居地，位于福塘溪东段南岸，即是阳鱼南阳楼附近；塘背科为杨氏聚居地，位于福塘溪东段北岸，即阴鱼聚奎楼附近；福垱美为曾氏聚居地，位于福塘溪西段南岸，此处还有一圆形土楼名为福庆楼；村美是福塘溪西段南岸的新村，主要呈现曾、林等多行杂居的居住形态。

南山的地形主要是河谷平地和山麓低坡。道路将南山分为两个片区，一个以亲睦堂为中心坐落于河谷平地，另一个以南阳楼为中心位于山麓低坡。南阳楼片区的形态呈弓形，层层外推，传统建筑有的坐北朝南，有的坐南朝北，也反映了河道改道对建筑入口的影响；弓形巷道贯穿传统建筑，呈东西方向，建筑形态、巷道空间与河道相映成趣。亲睦堂片区呈多层分布于山麓等高线周围的形态，传统建筑坐南朝北面向道路，巷道呈东西向，巷道之间通过通往山麓的爬梯相连。

塘背科的地形为山脉南麓的坡地。不同高度的坡地呈现了两个片区，一个以聚华楼为中心，另一个以聚奎楼为中心有机排布民居。聚华楼片区位于较高的山麓，其形态呈

南山自然村形态

塘背科自然村形态

福垱美自然村形态

村美自然村形态

图 2-28　自然村形态
（图片来源：天地图卫星地图）

现垂直等高线的曲线形态，沿道路分布；聚奎楼片区则位于较低的山麓，为了顺应河道和道路，呈现坐北朝南的建筑形态。

福垱美位于五凤山山麓脚下，以福庆楼为中心，周边传统建筑逐渐形成相对封闭的聚落形态。

村美自然村为新形成的聚落。道路穿过河道将自然村切成四块，民居均坐落于道路西侧的两块场地，故有两个片区。河道北侧的片区与道路形态相适应；河道南侧的片区和河道形态相适应，均呈现多层的曲线形态。

由此看来，为了适应地形、有利节地，福塘村的聚落格局主要以道路和河道的形态展开聚落形态。

2.3.3　文化遗产

1. 非物质文化遗产

（1）革命文化

1927 年 7 月第一次国共合作破裂后，八一南昌起义起义军第九军军长朱德在潮汕被国民党军队击败后，他率领余部转至湖南南部，发动农民起义，建立苏维埃政权。1927 年 10 月向平和县县委同志传达八七会议精神时，曾经在福塘村住过一宿，朱德将一把手电筒赠送给福塘一位村民。后来这把代表苏维埃战士"视民如子、严以律己"精神的手电筒一直存放于"朱德率领南昌起义军回师入闽纪念馆"（图 2-29）中。

（2）华侨文化

杨友政为福塘村塘背科出身，于泰国创办中医事业，成为知名华侨；杨友政热心家乡教育，在家乡创办"福塘小学"（图2-30），且修建了圆形土楼聚奎楼。杨友政长子杨锦忠子承父业，为福安堂有限公司的董事长、联华药业工会名誉理事长，福塘小学教学楼亦为杨锦忠捐建，题字："百年树人"。杨友政女儿杨志玲系北京同仁堂（泰国）有限公司董事长，多年来致力于漳州片仔癀等老牌中药打入东南亚市场，且在泰国创办与北京同仁堂的合资公司；杨志玲多年来热心家乡基础设施和文化传承。杨氏华侨是华侨中优秀的一员，不仅创办海外事业，且热心家乡建设，充分体现了"爱拼才会赢"和"爱国更爱家乡"的华侨精神。

图2-29　朱德率领南昌起义军　　　图2-30　福塘小学旧址想象图　　图2-31　普济堂
　　　　　回师入闽纪念馆　　　　　　　　　　　　　　　　　　　　　　　　　碑刻

（3）民俗文化

民俗文化中，已载入平和县非物质文化遗产名录的椿臼面制作技艺和普济堂王公信仰具有代表性。福塘椿臼面制作技艺是独特的客家美食技艺之一，做法为将小麦磨成面粉，加水制作成为面团，再将面团放入石臼中用木槌捶打，使水和面充分结合形成稳定的结构，用擀面杖压平后，用刀切为条状，生面煮沸，配上大骨熬制的高汤，点上时令的新鲜蔬菜，骨汤和蔬菜为浓郁的面香增加了味道的层次感。普济堂王公信仰是福塘村民俗信仰的重要组成部分之一。村民自下而上地构成普济堂理事会，负责建设、修缮，组织活动等；普济堂王公信俗活动盛大，每年正月初三王公出巡到福塘及周边村落，期间举办王公走寨、王公走桥、王公跳火坑、摆坛等活动，极具地方特色。

2. 物质文化遗产

福塘村的物质文化遗产，在建筑方面从功能划分上讲主要有公共建筑和传统民居两种形式。从文物级别上讲主要有不可移动文物、历史传统建筑两种形式，其中不可移动文物13处（县级文物保护单位6处）。从历史时期上讲有清、中华民国、中华人民共和国3个时期的建筑，其中清早期2处、清中期33处、清晚期27处，其余3处未知；民国时期建筑22处；中华人民共和国时期建筑18处（改革开放前8处、改革开放后10处）。

此外，还有碑刻2通（不含历史传统建筑附属碑刻）（图2-31）、墓葬1处、遗址2处（图2-32）。

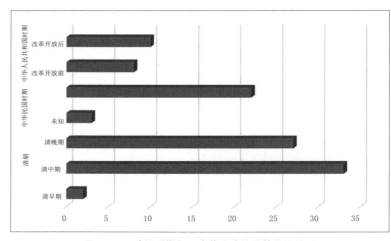

图2-32　建设时期与历史传统建筑的数量的关系

（1）公共建筑

公共建筑有祠堂、官庙、学堂等形式共计 14 处，其中祠堂 2 处、官庙 9 处、学堂 2 处、医疗建筑 1 处。

祠堂以南山朱氏亲睦堂和塘背科杨氏笃庆堂最具代表性（图 2-33、图 2-34）。南山朱氏亲睦堂是三开间双落双横的祠堂，即前后双厅，天井两厢，左右横屋，占地面积约 192 ㎡；砖木结构、悬山屋顶；明间供奉观音等神明，次间供奉祖先牌位，故有神庙和宗祠双重功能。塘背科杨氏笃庆堂是三间双落的祠堂，即前后双厅，前庭后院，占地面积约 148 ㎡；1990 年代杨锦忠捐资重建。亲睦堂庄严宏大，笃庆堂简洁明亮，两栋祠堂风格迥异，各有特色。

图 2-33　亲睦堂

图 2-34　笃庆堂

官庙有南山紫南祠、上屋子土地庙、岩子土地庙、塘背科南辰祠、盛得宫、福墩美永盛宫，以及民安宫、普济堂和武当宫计 9 处，此外还有诸多石构或砖砌的小型神龛。规模较大的官庙以普济堂和武当宫为代表（图 2-35、图 2-36）。普济堂，村民称为大庙，始建于明朝洪武年间，位于塘背科溪坝背的仰桃峰山麓，主祀王公、王姆、王孙，后置西方三圣、弥勒佛等，配祀观音大士、观音二娘、观音三娘等，左右兼奉五谷主、四月八爷等 31 尊神像，体现了福塘村民间信仰的多样繁荣。武当宫，村民称为"大帝爷庵"，始建于清朝道光年间，位于塘背科溪坝背左侧。面阔三间由门楼、庭院和大殿组成，占地面积约 80 ㎡，屋顶为歇山顶，结构为砖木结构，屋脊为闽南传统技艺的双龙戏珠彩瓷堆剪造，与本地客家建筑有所不同，主祀玄天上帝。

图 2-35　普济堂

图 2-36　武当宫

医疗建筑为第八区卫生所，坐落于南阳楼东侧，三间双落传统建筑，占地面积约 158 ㎡，土木结构，屋顶形式为悬山顶（图 2-37）。

（2）传统民居

传统民居有厅井式民居和组群式民居两种形式，共计 84 处，其中厅井式民居 79 处，组群式民居 5 处。

①建筑形制

我国厅井式民居多为面阔三间、五间等单数开间的形制，福塘村的厅井式民居

图 2-37　第八区卫生所旧址

的建筑形制具有一定的特殊性，既有单数开间，又有复数开间，具体来讲，主要有面阔单间、双间、三间、五间 4 种形式。山地河谷的地质条件限制传统民居在进深方向发展，故落数多为单落、双落，也存在少数三落的情况，故有单落、双落和三落 3 种形式。在面阔方向上，主屋之外可建设附属的横屋，根据横屋的有无、数量等，又可分为无横、单横、双横 3 种形式。面阔、落数和横屋形式体现了福塘村传统民居为了适应山地河谷的地质条件产生的形式的多样性和适应性。

组群式民居根据建筑形态有圆楼和方楼两种形式；根据交通结构有通廊式和单元式两种形式（图 2-38 ～图 2-40）。福塘村的圆楼为大型土楼，均为单元式土楼，单元式的小家庭住宅保证了家庭生活的私密性，单元式的共用大庭院为大家庭的活动仪式提供了场所。福塘村的方楼为通廊式土楼，现已无人居住。

图 2-38　南阳楼内景

图 2-39　聚奎楼外景

图 2-40　福庆楼鸟瞰

②结构形式

中国传统建筑的大木构架主要有北方的抬梁式和南方的穿斗式，闽南地区存在另一种独特的结构形式—插梁式。福塘村是闽南地区的传统聚落之一，但住民为客家移民，故文化上表现为闽南海洋文化和客家山区文化的交融性，传统民居的梁架结构也不例外。总体上讲，福塘村传统民居的结构形式多表现为客家民居的砖木结构形态，即木结构承托屋顶后，由砖墙或土坯承接木结构的重量；部分大木构造表现为闽南地区插梁式的局部特点，如大厅处的挑檐，步通伸出檐柱，承托寮圆；步通下出现圆光，圆光亦伸出檐柱，承托步通；轩棚的左右横向出现鸡舌承托寮圆。组群式民居亦同（图 2-41 ～图 2-43）。

图 2-41　留秀楼厅口梁架

图 2-42　留秀楼顶厅梁架

图 2-43　南阳楼厢房梁架

图 2-44　聚奎楼主入口

图 2-45　聚奎楼石窗

图 2-46　南山巷道

③材料装饰

福塘村的河道多石，采石方便，也可从泉州购买运送。聚奎楼（图 2-44、图 2-45）的主入口为石作，与生土的主体结构不同，以强调交通节点，亦能加强入口构造强度；拱心石两侧有一对门簪，门框两侧石条有一对对联"聚族于斯和气一团安乐土，奎星所照灵光万古翠高楼"，体现了塘背科杨氏家族希望以土楼为载体家和万事兴的美好愿望。聚奎楼内景中的石窗上提红字，双联为"清风徐来好，明月桂花香"，顶上题字为"户云窗"，表现大家族同居的美好生活。南山巷道（图 2-46）中建筑的墙体表现了三段式，底层为小型碎石，中层为青砖的空斗砖墙，上层为夯土砖；这种构造的刚度从低到高渐渐变弱，增强了稳定性；由于下雨时滴水溅起的水只是溅在底部砖石材料上，所以上部的夯土结构不会被破坏，故底部和中部的砖石材料保护了墙体。

砖瓦作。福塘村既在闽南地区，又在客家地区；从建筑材料上讲，总体上没有表现闽南海洋文化的红砖，而表现客家山地文化的青砖（图 2-47、图 2-48）。较具特色的是青砖的勾缝空斗砖墙，内填充碎砖或黏土，这种做法既美观又具有实际功能，如，白灰勾线和青砖块面的组合，结合了点线面的空间构成组合方式，更具美观大方；另外还能通过吸收和释放水汽，缓冲湿度、温度变化给人造成的不舒适感。瓦作中通过板瓦之间的弧度组合，拼接出圆形外形，内含四边形，如同铜钱，又有"天圆地方"之

图 2-47　茂桂园门楼

图 2-48　茂桂园砖窗

图 2-49　观澜轩后庭

意，暗合福塘村民招福招财的美好愿望。虽然总体上没有表现红砖文化，但是出现了红砖点缀的青砖组合方式，如观澜轩后庭的入口两侧院墙有两眼砖作小窗，小窗为小青砖砌块叠砌，白灰勾线，外侧两圈红色勾边薄砖，如同两汪双眼，观望福塘溪水，暗合观澜轩之意（图2-49）。

小木作是装饰材料的重要组成部分之一。格栅门由边梃、绦环板、格心、裙板等构造组成：绦环板为云行游龙，栩栩如生；格心为条格，上下二分；下部的裙板内有花窗形木板；格栅门暗指龙门，有子孙飞黄腾达之意，表现了福塘村民对美好生活的向往。寿山耸秀的挑檐下生垂花柱，下垂以倒坐莲花，上有鲤鱼吐水化花的精美木雕，流线型的形态使得挑梁增加了反力，兼顾美学与力学（图2-50～图2-52）。

图2-50 留秀楼格栅门　　图2-51 茂桂园挑檐　　　　　图2-52 寿山耸秀挑檐

2.3.4 厅井式民居的空间构成

我国历史悠久，幅员辽阔，传统民居表现了极大的多样性，其中庭院式民居是最具特色的民居之一。庭院式民居广泛地分布在我国南北方地区，是汉、回、满等民族的传统居住方式，较早期的比如陕西周原凤雏村的四合院遗址，所以庭院式民居具有悠久的历史。庭院式民居有三类，分别是合院式民居、厅井式民居和组群式民居。合院式民居的庭院较大，各个房间并未相连或仅由廊道相连，主要分布在秦岭—淮河以北的地区；厅井式民居的天井较小，屋顶相连，各个房间形成一个整体，主要分布在秦岭—淮河以南的地区；组群式民居是大型的传统集合住宅，主要分布在闽、粤、赣的客家文化区；当然由于不同的社会和自然原因，局部地区也会有特例的出现。福塘村厅井式民居为了适应闽南海洋文化和客家山地文化交汇的社会背景，为了适应山间河谷地少山多的自然环境，有着独特的空间构成。

1. 空间构成的概况

本章调研方法为统计学的小样本方法，根据取样原则，对不同类型样本进行调查，同一类型样本做少量调查，这样的话，可以减少成本。福塘村的厅井式民居开间数目有单开间、双开间、三开间三种形制，所以依据建筑形制为取样原则，调查不同建筑形制的厅井式民居，即调查单开间、双开间、三开间和单落、双落的民居，同一种建筑形制的民居再根据家庭结构、家具设备等次级影响因素调查2～3栋（表2-3）。

表 2-3　福塘村厅井式民居空间构成（首层）概况

编号	位置	开间数目			天井数目	厅的数目			伸手数目		房间数目				步口	大房口		改修	增筑
		1	2	3	1	1	2	3	1	2	1	2	3	4	1	1	2	1	1
cm1	村美		✓		✓		✓		✓			✓			✓	✓			✓
cm2	村美	✓			✓	✓			✓		✓								✓
cm3	村美	✓			✓		✓		✓		✓								
fqm1	福墘美	✓			✓	✓			✓		✓							✓	
fqm2	福墘美			✓	✓			✓		✓				✓				✓	✓
tbk1	塘背科			✓	✓	✓				✓		✓			✓			✓	
tbk2	塘背科		✓		✓		✓		✓				✓		✓	✓			✓
tbk3	塘背科			✓	✓		✓						✓						
tbk4	塘背科	✓			✓	✓			✓		✓								✓
tbk5	塘背科		✓		✓	✓				✓	✓								
ns1	南山		✓		✓					✓	✓				✓				✓
ns2	南山		✓		✓		✓		✓		✓				✓				
ns3	南山		✓		✓		✓			✓			✓						✓
ns4	南山		✓		✓		✓			✓			✓				✓		
ns5	南山	✓			✓						✓							✓	✓
ns6	南山		✓		✓	✓			✓			✓						✓	✓
ns7	南山		✓		✓	✓												✓	

不同开间数目的民居中，厅、伸手、步口、大房口、改修和增筑空间的状况存在有无、数量的不同。部分民居没有步口和大房口，所以福塘村厅井式民居的基本空间构成为单个天井、单个厅、单个伸手和单个房间（首层），除了基本空间构成以外，还有步口、大房口、改修和增筑的空间构成。

2. 基本空间构成

由入口进入，有一段窄走道，其后为天井，大致为开间面阔的一半尺寸，相比较首层地坪低一个踏步的高度，其中常放置水盆、水槽。天井旁侧的翼房为伸手，与首层地坪的高度一致，伸手内常布置火灶、电磁炉、煤气灶等烹饪设备。天井、伸手后部为厅，高于首层地坪一个踏步的高度，是整个住宅最重要的空间，常常放置桌椅。厅的后部是房间，常布置床等睡眠设备。天井、伸手和厅之间通常没有墙壁分割，仅由高差限定空间，他们之间的关联性较强；厅与房间之间有墙壁分割（图 2-53）。

天井是住宅中心配置的利用碎石、石条或者三合土等材料制作的低于首层地坪的具有排烟、通风、采光的空间。雨天时，雨水通过屋顶的坡面落入天井，天井通过收集雨水，组织住宅的雨水进入聚落的排水系统，由于石砂等海绵材料的存在，从一定程度上讲，天井是雨水收集的缓冲场所；晴天时，空气炎热干燥，天井内水分汽化，吸收了热量，也提高了天井周边的湿度，维持了厅井式住宅的环境舒适度。由于天井和伸手常连接在一起，天井也为烹饪场所提供了排烟空间。单开间的基本空间构成主要承重结构是两侧的墙体，为了保持稳定性，常不开门窗洞，所以主要通过天井为伸手、厅和房间提供采光条件。

伸手是天井旁侧的翼房空间，高度与首层地坪保持一致，主要设置火灶等烹饪设备，是重要的家务空间。伸手与天井之间常不设置墙壁，所以天井的洗涤功能会溢出到伸手，特别是洗菜的功能。伸手和天井在住宅的前部，为空间序列的前段——家务空间。

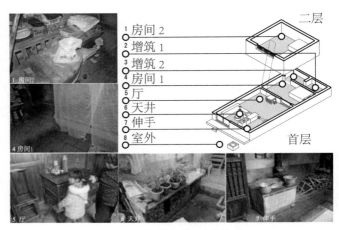

图 2-53　福塘村基本空间构成

厅是住宅的中心，高于首层地坪，位于伸手和天井的后侧，主要由石条和红砖构成，是会客、就餐等社交功能的场所。房间通过厅得到天井的间接采光，厅和天井的进深对整个房间采光有着重要的影响。厅和天井之间常常不设置墙体分割，故形成一体的大空间，仅仅在高差上做出区别，所以天井和厅的关系十分密切，这一点和江浙一带厅井式民居中厅和天井由门窗分割有所不同。

房间是厅后部的空间，主要是私密空间，除了床等睡眠设备外，有时会有储存谷物的谷仓出现。

3. 空间构成的变化

（1）空间构成的数量变化（首层）

总体上，随着开间的变化，基本空间构成的数量也发生变化，有厅的数量变化、伸手的数量变化和房间的数量变化 3 种变化形式。

在厅的数量变化中，根据基本空间构成的单厅，有双厅和三厅 2 种变化形式。单开间、双开间和三开间的民居中，在天井的前部再修建一落，即在天井的前后设置一对厅，此时为双厅的数量变化。在双厅的基础上，在天井后部的厅中央沿着横墙方向修建一堵墙壁，将后厅分为 2 个厅，此时为三厅的数量变化（图 2-54）。

在伸手的数量变化中，根据基本空间构成的单厅，有双伸手的变化形式。单开间的伸手的面阔为半个开间的面阔，当开间变化为双开间时，伸手的面阔变化为一个面阔；当开间变化为三开间时，伸手的数量变为双伸手，分布在天井的两侧。

在房间的数量变化中，根据基本空间构成的单个房间，有双房间、三房间、四房间 3 种变化形式。双房间的发生有 3 种可能：双开间民居中厅的后部变为 2 个房间；双开间中下落出现后，前后 2 个房间；三开间中单落民居的厅的两侧有 2 个房间。三房间的发生有 2 种可能：双开间双落民居中，厅后部的 2 个房间和前厅旁侧的 1 个房间，合计 3 个房间；三开间双落民居中，厅后部的 2 个房间和前厅旁侧的 1 个房间，合计 3 个房间。

（2）大房口和步口的出现

双开间和三开间的厅井式民居，由于开间面阔的变化，除了天井、厅、伸手、房间的基本空间构成的尺寸和数量发生变化外，还出现了新的空间：步口和大房口。步口和大房口位于天井和伸手后部，为厅和房间前部的一体的通路。

步口是厅的前部和天井后部的空间，大房口是房间前部和伸手后部的空间，所以有

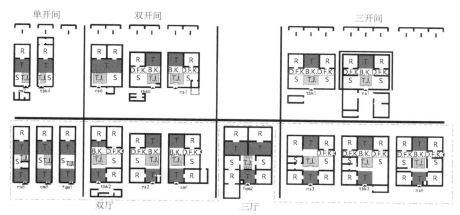

厅的数量变化

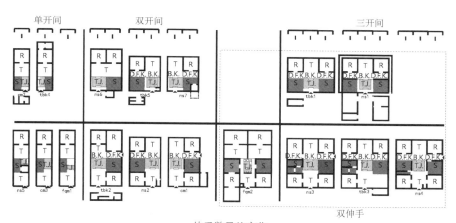

伸手数量的变化

图 2-54　厅、伸手、房间数量的变化

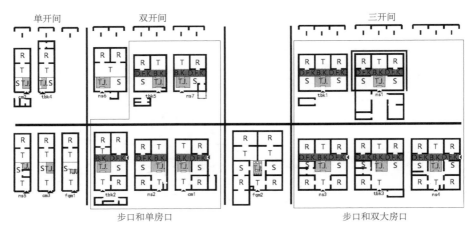

图 2-55　步口和大房口的发生

步口和大房口的民居中，双开间的厅井式民居有单个步口和单个大房口，三开间的厅井式民居有单个步口和双个大房口（图 2-55）。

4. 改修和增筑

除了基本空间构成和大房口、步口之外，在传统空间中还会发生一些改修和增筑活动（图 2-56）。改修主要发生在伸手、天井、下厅、房间等位置，有墙壁的设置、墙壁的变更、天井的变更等情况；增筑主要发生在住宅外部的前部（连接型增筑、脱离型增筑）、后部、旁侧或者周边。

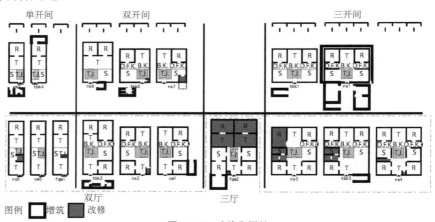

图例　□ 增筑　■ 改修

图 2-56　改修和增筑

2.3.5　厅井式民居的居住方式

随着我国的主要矛盾变化为人民日益增长的美好生活需要和不平衡不充分的发展之间的矛盾，如何把握当下生活的现状，从而回顾过去、展望未来，成为一个值得探讨的现实问题。特别是在增量经济发展渐缓、存量经济发展的大好时机，厅井式民居作为一种重要的存量经济形式之一，成为一个优项选择。尽管现代生活早已影响了我国广泛的传统民居，但是，厅井式民居的生活的中心始终是天井及其周边空间，这说明厅井式民居的天井及其周边空间有着可持续发展的潜力。下面以福塘村厅井式民居为例来揭示厅井式民居的生活方式的一隅。

1. 基本空间构成中变化的使用功能

基本空间构成为天井—伸手—厅—房间。首层中，天井为饲养、洗衣和洗菜的功能空间；伸手是烹饪的功能空间；厅是就餐和会客的功能空间；房间是就寝的功能空间。二层中，房间是储存、就寝的功能空间。这样的话，在首层平面中，以入口为前，房间为后，福塘村厅井式民居的空间构成功能序列为家务空间—公共空间—私密空间（图2-57）。

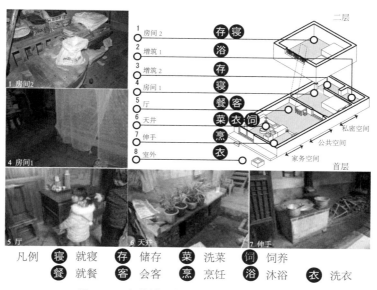

图2-57 福塘村基本空间构成中的居住方式

2. 伸手的使用功能

在厅井式民居ns2中，家庭结构为4人合居的单核心结构，由于现代烹饪器具的引入，使得原本伸手的传统烹饪形态发生了变化，伸手中除了火灶外，出现了煤气灶，在伸手外还有电磁炉，这样，烹饪的燃料更加容易控制，烹饪过程变得简单，尤其是在日常生活中的煲饭、炒菜多用现代烹饪器具，在过年过节制作粿条或者酿酒时，才使用大灶的铁锅；以上的变化为世代合居的烹饪扩张。在厅井式民居ns3中，家庭结构为兄弟分户的双核心结构，由于两兄弟已经分家，保障财产分割的基础上，两家的烹饪场所相互分离，左伸手的烹饪空间为一户家庭所有，右伸手的烹饪空间为另一户家庭所有，以上为世代分户的烹饪独立。所以，与基本空间构成的居住方式相比较，伸手的功能主要有两种变化形式：烹饪的独立和烹饪的扩张（图2-58）。

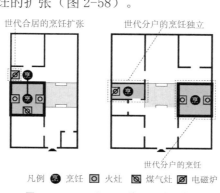

图2-58 ns2和ns3伸手的功能变化

3. 上厅的使用功能

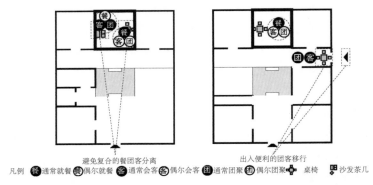

避免复合的餐团客分离　　　　　　　出入便利的团客移行

凡例　⊛通常就餐　⊛偶尔就餐　⊛通常会客　⊛偶尔会客　⊛通常团聚　⊛偶尔团聚　✛桌椅　▨沙发茶几

图 2-59　tbk3 和 ns4 厅的功能变化

如图 2-59 左所示，厅井式民居 tbk3 的上厅中，除了高桌、椅子以外，还出现了茶几、沙发，这使得会客和团聚的功能独立出来，提升了厅的环境舒适度；上厅还放有电视，住民有时也会在此处一边就餐一边看电视；此时的功能变化为避免复合的就餐、团聚、会客分离。如图 2-59 右所示，厅井式民居 ns4 中，大房口出现了第二个入口，在第二个出入口的附近放置了一套桌椅，住民在此会客和团聚，会客和团聚的社交功能靠近出入口，提高了社交的便利性，就餐和团聚、会客使得各功能空间的独立性加强，此时的功能变化为出入便利的团聚、会客移行。所以，对比基本空间构成的居住方式，厅的功能变化主要有两种形式：避免复合的就餐、团聚、会客分离和出入便利的团聚、会客移行。

4. 天井的使用功能

（1）洗菜的功能变化

由于福塘村为闽粤交接的山区村，传统而闭塞，村中青壮年多外出打工，节假期间回到村里时，平时的自来水系统无法满足激增的用水需求，村民在住宅附近会架设多支水管，以便面对用水不足的状况。厅井式民居 cm2 中，除天井的自来水管外，室外亦有一支水管，有时会在天井内侧和室外水管取水处洗菜；两处洗菜场所为洗菜的洁污分区提供了便利，如地下的块茎多在室外水管处或者福塘溪清洗，拥有茎叶的蔬菜多在天井处清洗；此时的功能变化为取水影响的洗菜扩张。cm1 中，天井处饲养鸡鸭的雏鸟，室外设置一处水管以供上水的使用便利,洗菜的场所移行于此；由于洗菜功能已经分离出天井，此时的功能变化为取水影响的洗菜分离。所以，取水影响的天井有 2 种功能的变化形式：取水影响的洗菜扩张和取水影响的洗菜分离（图 2-60）。

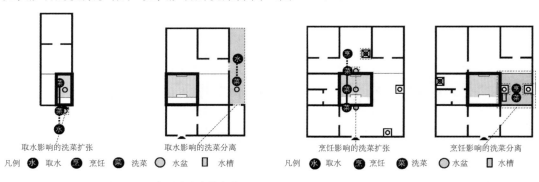

取水影响的洗菜扩张　　　取水影响的洗菜分离　　　　烹饪影响的洗菜扩张　　　烹饪影响的洗菜分离

凡例　⊛取水　⊛烹饪　⊛洗菜　◯水盆　▨水槽　　　　凡例　⊛取水　⊛烹饪　⊛洗菜　◯水盆　▨水槽

图 2-60　cm2 和 cm1 取水影响的洗菜变化　　　　　图 2-61　tbk3 和 ns3 烹饪影响的洗菜变化

现代生活方式的引入使得烹饪形态发生变化，洗菜功能作为烹饪功能的重要组成部分，伴随着烹饪功能的更新，洗菜功能也出现了多样变化。tbk3 中，上厅放置了电磁炉，为节省烹饪流程的时间，天井的洗菜水盆有时会放置在电磁炉附近，这反映了现代厨房烹饪—洗涤—储藏的变化倾向；此时的功能变化为烹饪影响的洗菜扩张。ns3 中，伸手内放置了水槽，洗菜、洗碗的功能发生在此，水槽紧邻烹饪器具，更加趋近于现代厨房形态；此时的功能变化为烹饪影响的洗菜分离。所以，烹饪影响的洗菜变化有两种功能形式：洗菜扩张和洗菜分离（图 2-61）。

总体上讲，洗菜的功能变化有两种影响因素：取水的影响和烹饪的影响。

（2）洗衣的功能变化

洗衣设备主要有水盆、水槽和洗衣机 3 种类型，随着福塘村经济的发展，村民使用洗衣机的人群也越来越多，手洗和机洗两种形态得以出现。cm3 中，洗衣机放置于下厅，紧邻着天井，手洗和机洗同时存在；由于住民为了节省用电和洗涤剂，使用洗衣机的机会并不多，这也反映了传统民居住民在居住意识上还没有适应现代生活形态；天井内外同时存在洗衣功能，此时为设备更新的洗衣扩张。ns2 中水槽和洗衣机同时分布在下厅，洗衣活动从天井中分离出来。所以，设备更新影响的功能变化有洗衣扩张和洗衣分离 2 种形态变化（图 2-62）。

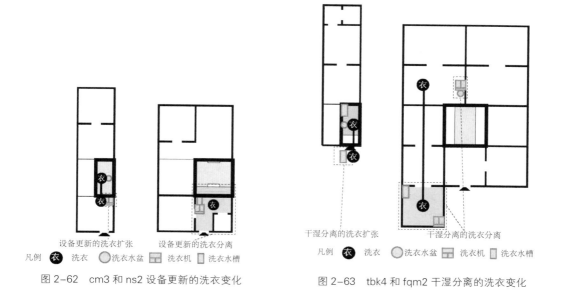

设备更新的洗衣扩张　　设备更新的洗衣分离

凡例　衣 洗衣　○ 洗衣水盆　□ 洗衣机　□ 洗衣水槽

图 2-62　cm3 和 ns2 设备更新的洗衣变化

干湿分离的洗衣扩张　　干湿分离的洗衣分离

凡例　衣 洗衣　○ 洗衣水盆　□ 洗衣机　□ 洗衣水槽

图 2-63　tbk4 和 fqm2 干湿分离的洗衣变化

除过基本空间构成的变化外，还有增筑的空间变化，这为洗衣功能从住宅移出后形成干湿分离提供了变化的场所。厅井式民居 tbk4 中，天井内和住宅外同时存在两个水槽，室外的水槽距离室外晾衣竿的距离较近，当在室外水槽进行洗衣作业时，减少了洗衣流程的功夫，也为室内整洁提供了有利条件；此时天井内外均有洗衣功能，为干湿分离的洗衣扩张。厅井式 fqm2 中，上厅放置了洗衣机，增筑的卫生间设置了水槽和洗衣机，这使得手洗和机洗均分离出了天井，进一步提高了室内的整洁程度，此时为干湿分离的洗衣分离（图 2-63）。

洗衣的功能变化受到设备功能和干湿分离两种因素的影响。

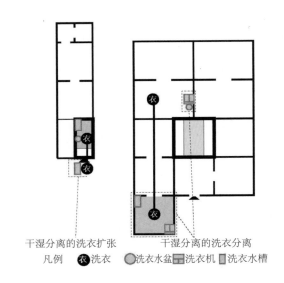

干湿分离的洗衣扩张　　干湿分离的洗衣分离

凡例 🅰洗衣 ⬤洗衣水盆 ⬒洗衣机 ▮洗衣水槽

烹饪的扩张

家庭结构

烹饪的独立

洗菜的扩张　　　　　　　　洗菜的分离

烹饪影响　　　　　　　　　　　　　　　取水影响

洗菜的分离　　　　　洗菜的扩张

餐团客的移行　　　　　　　餐团客的分离

天井的持续性

出入便利　　　　　　　　　　　　　　　避免复合

洗衣的分离

设备更新　　　　　　　　　　　　　　　干湿分离

洗衣的扩张

洗衣的扩张

图 2-64　厅井式民居的功能变化

5. 小结

总体上看，空间构成和居住方式关系的变化过程是，从单开间无下落的厅井式民居居住方式的功能集约实用，向三开间有下落厅井式民居居住方式的舒适居住的变化过程。

伸手的变化主要表现在烹饪功能和空间的变化，主要受到家庭结构的影响。烹饪的变化不仅是居住环境中烹饪形态的改善更新，还是家庭结构发展变化的表现形式。

厅的变化主要表现就餐、团聚、会客的功能和空间的变化，主要受到功能复合和出入便利的影响。

天井的变化主要表现在洗衣和洗菜功能和空间的变化。洗菜功能主要受到取水影响和烹饪影响：洗菜变化的第一条主线是取水影响的洗菜变化，主要趋向室外变化；洗菜变化的第二条主线是烹饪影响的洗菜变化，主要趋向室内变化；洗菜功能和洗菜空间的变化，不仅是居住环境中洗菜形态的改善更新，还是加工流程发展变化的表现形式。洗衣功能变化主要受到设备更新和干湿分离的影响：洗衣变化的第一条主线是设备更新的洗衣变化，主要趋向室内变化；洗衣变化的第二条主线是干湿分离的洗衣变化，主要趋向室外变化；洗衣功能和空间的变化不仅是居住环境中洗衣形态的改善更新，还是居住生活中设备更新和干湿分离发展变化的表现形式（图2-64）。

参考文献

［1］平和县人民政府．福建省第五批省级历史文化名镇名村申报文本：平和县秀峰乡福塘村［Z］．漳州，2015.

［2］漳州市气象局．2017年漳州市气候公报［Z］．漳州，2017.

［3］中国侨网．杨志玲的故乡情怀［EB/OL］.http://www.chinaqw.com/node2/node116/node122/node174/userobject6ai98613.html，2019

［4］张少华．朱德的手电筒［N］．中国纪检监察报，2018-7-27（8）.

2.4 侨乡传统村落保护发展——以厦门新垵村为例

（胡璟、王绍森、全峰梅）

新时期传统侨乡村落的生活和周边环境正在发生巨大变化，年轻一代的海外华人对祖籍地的情感日益消减，传统侨乡文化面临内外双重挑战 [1]。在快速发展的城镇化中，在全球化文化趋同的背景下，如何保持传统侨乡的文化特色是迫切需要解决的问题。本节基于对厦门新垵村的田野调查，从历史人类学、社会学视角解读其历史文化、探访当下的文化表征，探索有效的策略以保护和发展传统侨乡文化，启示后续研究与实践。

2.4.1 研究背景：侨乡社会与侨乡文化

"侨乡"是近年流行于华南地区的一个约定俗成的概念，代表那些曾出现过较大规模出国移民潮的乡村。根据《华侨华人百科全书·侨乡卷》的定义，"侨乡"有四个特征：第一，华侨、华人、归侨、侨眷人数众多；第二，与海外亲友在经济、文化、思想诸方面有着千丝万缕的联系；第三，尽管本地人多地少、资源缺乏，但由于侨汇、侨资多，因而商品经济比较发达；第四，华侨素有捐资办学的传统，那里的文化、教育水平较高 [2]。"侨乡"概念在今天得到扩展，沈卫红指出，从历史演变角度划分，侨乡可以分为近代侨乡和当代侨乡；从城市化进程划分，可以分为乡村侨乡和都市侨乡；从传统和现代的关系划分，可分为传统侨乡和现代侨乡 [3]。

独特的侨乡社会促成了丰富的侨乡文化形态。"下南洋""走夷方"的先民在将中华传统文化带去海外移居地的同时，也将异国他乡的文化源源不断地传入家乡。正是他们的直接参与和推动，近代以来形成的人流、物流、资金流、信息流持续不断地将侨居国的文化输入侨乡，改变了侨乡的建筑文化、经济结构、乡村治理、观念行为，丰富了侨乡文化的色彩。因此，侨乡文化具有国际性与本土性的双重特征，其最根本的表现为中西文化的融合。除此以外，侨乡文化还具有区域性的特征，这是由华侨海外分布的区域不同带来的多样性文化与侨乡所在地的文化地理特色相互作用的结果。以广东的潮汕、梅州、五邑和福建的"泉漳厦"四大侨乡来说，除了中西交融的共同文化特征外，还表现出不同的文化景观，这一点在四地的建筑文化上表现得尤为明显 [4]。

张应龙认为侨乡文化的形成和发展可以分为三个历史时期：1949 年以前为侨乡文化成型时期；1949 年至 1978 年是侨乡文化衰退时期；1978 年以后是侨乡文化转型时期 [5]。

福建厦门新垵村作为传统侨乡在学术界引起众多学者的关注。20 世纪 30 年代社会学家陈达就曾率队对包括新垵村在内的粤东与闽南侨乡村落实地考察。在其后主编出版的《南洋华侨与闽粤社会》[6] 一书中，陈达在谈到之所以选择新垵村调研的原因时指出，主

1 李明欢.福建侨乡调查：侨乡认同、侨乡网络与侨乡文化 [M].厦门：厦门大学出版社，2005:35.

2 《华侨华人百科全书·侨乡卷》编辑委员会.华侨华人百科全书·侨乡卷 [M].北京：中国华侨出版社，2001:72.

3 沈卫红.侨乡模式与中国道路 [M].北京：社会科学文献出版社，2009:107.

4 张国雄.侨乡文化与侨乡文化研究 [J].五邑大学学报（社会科学版），2015 (04):5-11，94.

5 张应龙.输入与输出：广东侨乡文化特征散论——以五邑与潮汕侨乡建筑文化为中心 [J].华侨华人历史研究，2006(03):64.

6 陈达.南洋华侨与闽粤社会 [M].北京：商务印书馆，2011.

要是想研究这个单姓宗族村落的海外族人对家乡的影响究竟表现在哪里。现浙江大学公管学院副教授刘朝晖的博士论文即是一部新垵村的民族志，作者审视了整个村落社会变迁的历程，把它归结成"乡土性—去乡土性—超越乡土性"的社会历史过程，以此探讨侨乡社会的变迁与中国传统社会的"乡土性"问题，并将其修改成《超越乡土社会：一个侨乡村落的历史、文化与社会结构》[1]一书，于 2005 年出版。

十几年过去了，新垵村发生了哪些变化？新垵人的生活，周边环境和以前有什么不一样？海外新垵人对祖籍地的文化认同有改变吗？如何维系？在城市化快速推进的当下，作为传统侨乡的新垵村还能保持自己的文化特色吗？这些都是传统侨乡在今天所面临的问题和挑战，也是本节要探讨的内容。

2.4.2 传统侨乡文化的当下表现和面临的挑战

1. 历史概述

今隶属于厦门海沧区的新垵村是一个具有数百年历史的村落，以邱氏姓氏为主。新垵的开基祖曾永在是南宋军事家、武学家曾公亮的第十四世孙，原为厦门曾厝垵村人，入赘邱家后改名为邱永在，彼时是元末明初，距今约 650 年，至今新垵已繁衍 27 世。邱氏一族历史上人丁兴旺，名闻一方。其宗族结构十分完整，宗族组织的影响力一直延续至今，村中分布的数十座宗祠就是这一组织结构的"物化象征"，代表新垵宗族的"五派、九房、四角头"。其中"诒谷堂"是大宗祠堂，其余为小宗。现在，新垵村管理邱氏宗族事务的理事会叫作"新江华侨诒谷堂董事会"，它由 11 人组成，也就是民间所说的"家长"。

旧时，新垵村面临大海，因得舟楫之便，新垵人纷纷"过洋贩番"。"南洋钱，唐山福"，敢于拼搏和冒险的新垵人相互帮携，很快在异国他乡谋得生计，站稳脚跟。他们往返于移居地和家乡间，将大部分收入都用来供养家中老小。为了改善生活，利用与大海相通的河道运来国内外各种优质建材，营建华屋，以至新垵之富、新垵之厝遐迩闻名，新垵村成为在经济和社会结构上都具有鲜明特色的侨乡村落。新垵人早期"过洋贩番"大都前往吕宋岛（今菲律宾）。后随着中国东南沿海逐渐开禁，东南亚各国都有新垵人的足迹。据刘朝晖对《新江邱曾氏族谱》的统计，从明嘉靖六年（1527 年）新垵第一人移民南洋始到清同治丁卯年（1867 年）止，在此 340 年间，邱氏族人下南洋者共计 2 226 人，移居的国家和地区多达 32 个。主要移居地为槟榔屿、吕宋、马六甲等，其中移居槟榔屿者最多，达 817 人，占总人数的 36.8%。到了 20 世纪初，随着土生的第二、三代子孙的产生，邱式族人在槟榔屿上形成了相对稳定的人口，他们在海乾路一带聚居，依靠宗族关系互相发展，成为槟华社会"五大姓"之一，一步步地在异国他乡重塑起自己的故乡。其组织机构"新江龙山堂邱公司"资产雄厚、名人辈出，在当地华人社会中影响力巨大。

2. 文化再造：宗族强化和民族复兴

英国史学家 Hobsbawn 认为"复兴传统"是一系列的实践活动[2]，通常受制于公开的或默认接受的规则，具有仪式及象征的本质，它通过不断的重复来寻求树立某些价值和

1　刘朝晖 . 超越乡土社会：一个侨乡村落的历史、文化与社会结构 [M]. 北京：民族出版社，2005：259.

2　Hobsbawn E，Ranger T. The Invention of Tradition[M]. Cambridge：Cambridge University Press，1983：1-4.

行为规范，并且暗指是对过去的延续，表现为以参照过去为特征的形式化和仪式化的过程。新加坡学者柯群英认为，文化再造的过程由两组人参与，一组负责决策，他们往往是重要的社会成员或文化精英；另一组具体实行。只有在时机合适时，文化再造才可能获得成功。特别是在群体或成员有共同的再造文化的需求，并且认为此行为有利于群体的生存的时候[1]。

改革开放之后，因为历史原因而中断的海内外联系重新恢复，经济往来和人员交流的互动显著增多。新垵与马来西亚槟城两地恢复了联系，"蛰伏"的历史记忆得以恢复，经由华侨的影响和带动，侨乡传统文化复苏，主要体现在宗亲文化和信仰文化上。海外华人回乡祭祖、敬神，沉寂了数十年的民间文化活动重新开展，地方戏曲和民俗表演又走进百姓生活。对此海外华人"功不可没"，因为相对于国内社会环境的改变，原有的文化活动都失传了，但是生活在另外一个社会下的海外华人把它们很原真地保留了下来，并且"带回"祖国。所以，到20世纪90年代中期，整个华南片区的农村，重要的寺庙祠堂在得到华侨的资助下重新整修，并投入使用。民间道士、红白喜事的主事、武师、戏班主、退休的教师等都成为"民间文化复兴"的主力军。一些活动不仅得到恢复，还发生了"创造性"的发展。新垵村中的大小祖祠、正顺宫、福灵宫等大小宫庙都陆续被修复，祭祖、敬神等活动丰富起来（表2-4）。除此之外，"送王船""新垵五祖拳""宋江阵"等民俗文化活动也在积极开展。

表2-4　新垵村主要宗祠名单（作者整理）

房头	宗祠
整体	诒谷堂
宅派	树德堂
海派五房（长、二、三、四、五）合一	仰文堂
海长房	思文堂
海二房	裕文堂
海五房	追远堂
墩后派五房（门、屿、井、梧、松）合一	墩敬堂
门房	垂德堂
舆房	垂统堂
梧房	裕德堂
松房	绍德堂
田派	丕振堂
岑派	金山堂

3. 面临的挑战

今日的新垵村濒临马銮湾，地处"新阳工业区"内，公共交通便利，地理位置绝佳。现今新垵村辖新垵、东社、许厝、惠佐4个自然村。其中新垵较大，邱姓为主；许厝、东社、惠佐较小，许厝以许姓为主，东社以林姓为主，惠佐以邱姓为主。共有户数2 562余户，常住人口7 932，共分为23个村民小组，现有外来人口约71 063多人，是厦门市第二大"城中村"。

<hr>

1　柯群英.重建祖乡：新加坡华人在中国 [M].香港：香港大学出版社，2013：13.

新垵的都市化是随着 1980 年厦门经济特区的成立开始的。1990 年代起，厦门为吸引台商投资，成立新阳工业区，新阳地区由无到有，在短时期内形成了较为紧凑的城市片区。位于新垵村南部的新兴工业区的建立给传统侨乡的生活带来了巨大的改变。它一方面极大地改善了村落的交通环境，提供了大量的就业机会；另一方面因为周边工人的居住需求和新垵村管理机制的不完善，村中出现了大量私搭乱建楼房用于出租。这些楼房大都 7 层以上，体量巨大，严重破坏了村落整体景观和天际线（图 2-65）。在巨大经济诱惑下，大量的传统民居被破坏，从最初族谱上记载的 500 多栋，到 2003 年的 200 多栋再到今天仅剩下 100 多栋。因为原住民的流失，村中大部分老房子都处于空置状态或用于低价出租，这些见证过去辉煌的建筑如今面临年久失修、人为破坏的困境（图 2-66）。

图 2-65　现代建筑严重破坏村落景观

图 2-66　成为垃圾堆场的大厝

进入 21 世纪，随着厦门城市空间发展由"海岛型"转向"海湾型"，厦门的城市发展"步伐"从岛内"跨到"岛外，重心逐步外移，岛外以"大分散小集中"的方式快速扩张，形成集美新城、海沧马銮湾新城、翔安南部新城、同安滨海新城 4 个"中心"，构建"一岛一带多中心"的空间格局。马銮湾新城的发展目标：依托"两山一湾"的独特生态优势进行生态文明示范区建设，将海绵城市建设理论全面落实在马銮湾新城内，将马銮湾新城建设成为"美丽厦门"战略规划全面实施的示范区。其功能定位：国家"一带一路"的战略支撑点，海峡两岸合作的地区性服务基地，产城融合的国际生态化海湾新城。由此可见，新垵村在经历了新阳工业区带来的第一次重大改变后，将迎来第二次城市大发展带来的机遇和挑战（图 2-67～图 2-69）。

图 2-67　马銮湾新城区位分析
（图片来源：厦门市规划委员会）

图 2-68　马銮湾新城村庄分布图
（图片来源：厦门市规划委员会）

图 2-69　马銮湾新城建设强度分区规划
（图片来源：厦门市规划委员会）

随着华人代际深度的加大，侨居国身份的认同等原因，进入新时期，海外华人对祖籍地的文化认同有了一些变化。在西欧和澳洲的第三、第四代甚至第五代华人族群中，宗族组织已经彻底断裂，他们对祖籍地知之甚少，也极少与老家亲属互动。南洋华人族群虽不至于发生与家乡关系的彻底断裂，但近年来也出现了疏离的现象。这里主要有两方面的原因：首先是家庭结构的转变，核心家庭成为常态，原有的扩展家庭带来的庞大的亲戚网络不复存在，除了直系家庭的亲戚关系，远亲已不再被看重；其次，对于年轻一代的海外华人来说，他们出生、成长在国外，侨乡只是一个虚幻的、遥远的故乡。

传统侨乡本土情况同样如此。随着城市经济的迅猛发展，村民变得富有，原住民流失，村中的年轻人纷纷离开家乡，前往都市工作生活，村中仅老人留守。对于像新垵村这样的城郊村来说，村民依靠房屋出租而经济发达后，搬迁到周边现代化配套更好的城区居住生活，仅定期或不定期回来参加宗族民俗活动是普遍现象。他们的下一代生活、学习在不一样的文化环境中，会面临和海外华人一样的情感消退问题。

2.4.3 传统侨乡村落的保护发展

1. 侨乡文化遗产

中山大学段颖认为侨乡之所以有别于普通乡村，首先体现于在历史过程中经由人、物往来逐渐形成的人文景观以及人在其中的理解与认知[1]。侨乡的社区发展历程留给乡民的，更多为一种连接人文景观与历史心性的地方感知。侨乡文化是华侨文化与传统文化相互作用的产物，它从属于传统文化，但在源流属性、传播机制、基本内容上有其附加特征。从内容上看，它包括思想意识、语言、民谣俗语、建筑艺术、饮食文化、社会风尚等方面。其外在表现为有形的物质文化遗产（如建筑艺术、名人故居、港市聚落、涉侨遗址等）和无形的非物质文化遗产（如民俗节庆、宗教信仰等）。它们是历史的见证，蕴藏着浓厚的乡愁，体现城市的另一面风景，是我们今天宝贵的文化遗产，亟待进行保护。

（1）聚落形态

刘朝晖通过解读来自《新江邱曾氏族谱》首卷的一幅绘制于 19 世纪中期的新垵村堪舆图，这样描绘新垵村其聚落形态特征："新垵村的空间聚落符合中国传统社会'天圆地方'的宇宙空间理念，并具有依山靠海的气势，水环财聚的地理构造，'魁星踢斗'的空间布局……整个村落以中街为'轴'，房屋的开门朝向分向东西，两边呈对称分布，中间的（'中街'）就是'龙脉''龙骨'所在。'龙骨'的西面遍布神庙，东面遍布祖祠，当地人把这种建筑风格叫作'顺龙'，认为新垵村的兴旺与否，全在于此"[2]。

（2）集镇、街道

因为厦门城市近代化的发展，20 世纪 20 年代，新垵村就出现了集市，地点在村中的"榕树下"，此地当时有一棵大树，大树的周围有一块很大的空地，村民就在那里集货交易，买卖的都是生活用品，其中就有不少的"南洋货"。如今漫步在新垵西边的村中小道，还依稀可见当年热闹的市集生活景象。

1　段颖 . 作为方法的侨乡——区域生态、跨国流动与地方感知 [J]. 华侨华人历史研究 ,2017(01):8.
2　刘朝晖 . 超越乡土社会：一个侨乡村落的历史、文化与社会结构 [M]. 北京：民族出版社，2005.

（3）红砖厝

过去无论是华侨的侨汇还是新坡村民的自余资金，除了用于生产和生活外，大部分都是用于修建房子。与厦门鼓浪屿岛、泉州、晋江等地侨乡村落出现的大量中西合璧的洋楼建筑不同的是，新坡村内除了几幢传统红砖大厝出现"叠楼"的形式外，几乎看不到西洋风格建筑，这可能是因为新坡村早期侨民的传统观念更为浓厚，建一座"宫殿式"官式大厝比具有西化的洋楼更符合他们的文化价值取向。新坡村至今还留存着 100 多幢高质量的红砖民居，是厦门乃至福建省规模最大的红砖厝民居群之一（图2-70～图2-73）。其中，不乏大量名人故居，如当年厦门万记行主人邱明昶的故居，南洋永裕行主人邱永裕的故居等[1]。这些古民居不仅是闽南建筑艺术的遗存，更是一段华侨史、一段内涵深厚的历史文脉，是许多在海外的新坡人后裔的根之所在，是无法再生的珍贵文化旅游资源。现有关部门正着手论证、策划厦门的新坡、霞阳、吕塘与泉州、金门的古民居以"闽南红砖建筑群"的名义联合申遗。

图2-70　新坡村街道

图2-71　新坡村古民居

图2-72　越南华侨邱得魏故居——庆寿堂

图2-73　庆寿堂的精美木雕

（4）宗祠、宫庙、戏台、古井、古树等

重要文化遗产还包括大大小小的 20 余座宗祠、寺庙，它们反映了新坡村儒、道、释三教杂糅的民间信仰体系，体现侨乡社会特有的文化的多元性和包容性。这些建筑旁往往有

1　还包括盐米大王邱新样的故居、在越南经营橡胶发财的邱振祥的故居、航海家邱忠波的故居、为我国进入联合国奔走出力的邱汉平的故居及实业家陈献猷的故居等。

广场、戏台、古榕树、古井等，形成重要的公共活动空间。这些活动空间除了在重大节庆、祭祀活动中承担重要角色，还是村民日常交往活动的据点，是村中最有活力的场所。例如供奉谢安的正顺宫不仅香火旺盛，还是新垵村大型文化活动开展的重要聚集场所（图2-74）。

图2-74　夏令营开班仪式在正顺宫举行

（5）非物质文化遗产

经由文化再造，新垵村原本就颇为丰富的文化习俗得到复兴，包括"送王船""新垵五祖拳""宋江阵"在内的传统习俗、技艺得以保存并重新开展。

新垵村"送王船"是由邱氏家族主持的社区性民俗活动。造王船的地点在邱氏家庙，经由村内绕境游后，王船最终送到新垵、霞阳两村交界处，以表达对神明的敬畏和对富足安定生活的祈求之愿。

新垵自古有习武之风，号称"武术之乡"，早在唐代就颇负盛名。1913年五祖拳宗师蔡玉明得意弟子沈扬德到新垵村传授五祖拳，并设武馆，堂号鹤阳，从此五祖拳在新垵村扎根并开始流传，至今已有百余年。2007年，新垵五祖拳入选第二批福建省省级非物质文化遗产。

2. 策略研究

再次聚焦侨乡，我们看到侨乡文化正遭受来自内外、主客间的双重冲击。当前，以家庭为核心的跨国连接减弱，那些在海内外往来间发生的历史记忆以及诸多人生境遇正在当下的侨乡民众心里慢慢减退。同时，在快速城市化和大规模城乡建设过程中，传统侨乡的古村、古镇和历史上遗留下来的民间技艺、习俗正在逐渐消失，原有侨乡居民正在迁离祖籍地。侨乡社会及其内在文化生活与文化方式面临着现代转型。侨乡是历史厚重的文化聚落，它有"走夷方、下南洋"的人生故事和独特的地方景观，反映了特定历史时期的生活，是世界性的"移民文化"遗产，必须加以保护、延续和发展。

（1）认定价值，加大政府投入，完善侨乡保护机制

过去很长一段时间学界专注于海外的华侨华人研究，国内侨乡长期被忽视，仅作为前者的"背景""配角"。侨乡研究应该取得和华侨历史研究一样的学术地位，侨乡文化应得到尊重。广东的潮汕、梅州、五邑和福建的厦门、漳州、泉州是有名的侨乡，其中五邑侨乡文化保护工作最为突出，随着2007年开平碉楼成功申遗，五邑几乎成了中国"侨乡"的代名词。2013年，闽粤侨乡的侨批档案成功列入《世界记忆亚太地区名录》，成为世界记忆遗产。侨乡研究日益受到重视，侨乡文化的价值应该被发掘并认定。这需要政府主管部门的重视，将侨乡文化遗产保护纳入城市历史文化保护工作，将侨乡村落发展统筹进城市发展总体规划，完善侨乡文化资源保护的相关法律法规，对侨乡文化遗产进行普查，建立重要资源信息库等。

对于像新垵村这样的典型传统侨乡村落来说，重视其文化意义，尽早划定保护区域，尽快制定相应保护规划和控制措施，进行侨乡文化遗产的挖掘、整理和保护工作才能免

于其在城市扩张中被逐渐吞噬。

（2）创新理念，发展多元模式，打造侨乡文化景观

侨乡文化具有一定的区域性，有较为明确的地域范围、地理边界和空间属地，又具有不同的文化，例如五邑侨乡的广府文化，潮汕、闽南侨乡的闽南文化，梅州侨乡的客家文化。同时，侨乡文化是外来文化输入的产物，不同的侨居地带来不一样的异国文化，如闽南华侨的居留地主要分布于东南亚一带，五邑则是在北美。不同的区域文化和外来文化的融合，再加上影响的深度和广度的不同，使得侨乡文化复杂多样。

侨乡文化的传承和发展没有固定模式，应结合当地的特色，发展文化产业。广东省近年已经先行起来，取得不错的成绩。如汕头市打造"红船头"特色，于2014年成立"中国（汕头）华侨经济文化合作试验区"；江门地区正申报建设"广东省侨乡文化生态保护试验区"。

厦门侨乡村落众多，具有不完全相同的历史背景、人文地理和跨国网络，体现不同的文化气质，构成一幅生动的侨乡社会文化图景。根据相关规划文件，环马銮湾湾区未来将保存包括新垵村在内的十多个自然村，其中霞阳村、后柯村、鼎美村、芸尾村、西滨村（图2-75）等都是历史上发生过较大规模移民现象的村落，根据一定的区域范围和特征，将它们整体发掘、保护，联合形成"侨乡文化景观"，单个村落将被增值，此联合发展片区将成为区域乃至城市的新名片。

此外，侨乡文化本就是在与海外世界的往来中逐渐形成的，它不是单一的一国文化，是多国文化的融合与碰撞，在保护更新过程中要兼顾彼此，在侨乡与侨居地之间的文化交流中共同发展。

（3）整体保护，活化遗产资源，促进城中村更新转型

文化遗产不是孤立存在的个体，它依托周边的自然和人文环境，应从空间格局上进行整体的保护。同时，文化遗产不是某一个特定时段的产物，它是在长期的发展演进过程中保存下来的历史信息的载体，在对其脉络进行梳理的基础上，应从时间上进行整体保护。物质和非物质文化遗产之间相互依存，应同时保护发展。将侨乡的宗教信仰、节庆习俗、名人经历、历史记载、传说典故等与村落环境、历史建筑、街巷空间等发生场所相结合，完善非物质文化遗产展示空间和文化形态的保护，从而长久地保存文化遗产的内涵。

侨乡文化是与地方传统文化密不可分的重要文化形态，充分发挥其能动作用，可以以此作为促进传统侨乡村落复兴的催化剂之一。以文化遗产保护带动村落环境的提升、产业调整、公共配套的完善；通过对历史场域的重建，建构集体记忆，吸引原住民回流，特特别是年轻人，改善"空心村""出租村"的整体面貌。侨乡文化的保护不是单纯地对过去的时间与空间的再塑，而是对未来的改变。

在对文化遗产进行抢救性的保存与活态传承的同时，也要注意再利用，使民众在与文化遗产的互动中体会社区历史内涵。近年经验可见，依托侨乡宗亲文化、民间信仰和习俗技艺等开展的各项活动吸引了本地居民、海外华侨的热情参与，既带动了社区发展又增进对外交流。

（4）多元互动，鼓励公众参与，重建社区共同体

传统侨乡村落作为乡村聚落的社区共同体，其社会关系依托地缘、血缘及共同的宗

教信仰、民俗文化等形成互相扶助、依赖、规制的人际关系。现代侨乡社会关系更为复杂。现代化生活切断了原有的社区纽带，土地和时间被细分化和私有化，空间被商品化，自闭的建筑和环境让居民日渐疏离，社区不再。侨乡文化资源的保护和侨乡社会的发展紧密相连，急需重构人与人的连接，创造相关主体和部门之间的桥梁。

侨乡村落应发挥其传统优势，改变过去"自上而下"的规划方式，动员居民"自下而上"开展社区营造，在重新"结缘"的过程中，对身边的生活环境加以渐进式的改善，发现身边的各种文化魅力，逐渐唤起居民的社区认同，共同守护宝贵的文化遗产。注意参与主体的多元性，除了本地居民，还应鼓励"新村民"（打工者、租客）、海外侨胞的共同参与。个人、企业（如侨资企业）、社会组织（如宗亲会、海外同乡会）、政府（侨联）联合，多渠道吸纳社会资金，通过开展互动体验性活动进行"活的"侨乡文化教育，例如"新垵五祖拳进校园"等（图2-76）。

图2-75　西滨村的洋楼建筑

图2-76　新垵五祖拳夏令营课堂就放在"裕文堂"，年轻的下一代练习拳术的同时还可感受侨乡文化

2.4.4　结语

厦门海沧新垵村的转变过程及面临的议题是今天许多地区特别是闽南、广东沿海发达地区的侨乡社区的缩影，是我国社会特殊阶段的真实展现。侨乡文化是侨乡村落的灵魂，它反映了一个地区的文化特征。在当前文化认同出现危机，全球化文化趋同的严峻形势下，要充分意识到其作为特定历史时期中西文化交流见证的独特价值，应对其进行保护更新以适合新时代人们的心理和生活状态。传统侨乡文化的保护，应与村落自身发展相结合，由单一建筑向整体村落和周围环境发展，形成侨乡文化景观。不同侨乡文化遗产现状不同，需要特定分析，制定保护策略，鼓励公众参与，建立人与环境的良性关系；在传统侨乡与城市间的良性互动中，在原住民与海外华人的互动交往中把文化遗产保护、传承下去。

参考文献

[1] 李明欢. 福建侨乡调查：侨乡认同、侨乡网络与侨乡文化 [M]. 厦门：厦门大学出版社，2005.

[2] 周南京,方雄普,冯子平. 华侨华人百科全书•侨乡卷 [M]. 北京：中国华侨出版社，2001.

[3] 沈卫红. 侨乡模式与中国道路 [M]. 北京：社会科学文献出版社，2009.

[4] 张国雄. 侨乡文化与侨乡文化研究 [J]. 五邑大学学报（社会科学版），2015，17（4）：1-7.

[5] 张应龙. 输入与输出：广东侨乡文化特征散论——以五邑与潮汕侨乡建筑文化为中心 [J]. 华侨华人历史研究，2006（3）：63-69.

[6] 陈达. 南洋华侨与闽粤社会 [M]. 北京：商务印书馆，2011.

[7] 刘朝晖. 超越乡土社会：一个侨乡村落的历史、文化与社会结构 [M]. 北京：民族出版社，2005.

[8] 李明欢. 福建侨乡调查：侨乡认同、侨乡网络与侨乡文化 [M]. 厦门：厦门大学出版社，2005.

[9] Hobsbawm E J, Ranger T.The invention of tradition[M].Cambridge: Cambridge University Press, 1983.

[10] 柯群英. 重建祖乡：新加坡华人在中国 [M]. 香港：香港大学出版社，2013.

[11] 段颖. 作为方法的侨乡：区域生态、跨国流动与地方感知 [J]. 华侨华人历史研究，2017（1）：1-11.

[12] 李玉茹. 试论涉侨文化的当代价值：以闽粤侨乡为案例的研究 [J]. 华侨华人历史研究，2017（1）：38-49.

[13] 路阳. 新型城镇化进程中侨乡文化保护与开发浅析 [J]. 博物馆研究，2017（1）.

本文已发表：

[1] 胡璟，王绍森，全峰梅. 历史•认同•挑战：厦门传统侨乡新垵村保护发展研究 [J]. 城市建筑，2018(13)：33-37.

第三章

调查分析

与主题生成

第三章 调查分析与主题生成

3.1 从社会关怀切入的当代工业区可持续构建

学生：陈宇帆 应悦（2015 级） 指导老师：胡璟 费迎庆

3.1.1 基地现状

改革开放以来，特别是香港、澳门回归后，粤港澳合作不断深化实化，粤港澳大湾区经济实力、区域竞争力显著增强，已具备建成国际一流湾区和世界级城市群的基础条件。在大湾区的规划中，每个城市的重点发展方向各有定位，各城市在发展经济时可据此进行重点建设，合作互补。澳门本岛最初的建设以旧城区为主，基地所在的黑沙环工业区为 20 世纪中后期填海所得的陆地，建设和发展时间较晚。除工业大厦以外，此片区还有大量的住宅、公共服务设施和商业建筑。基地靠近珠海拱北口岸和港珠澳大桥，周边公共交通便利（图 3-1）。基地周边的景观资源虽不如旧城区丰富，但也有多样的可利用景观及节点。

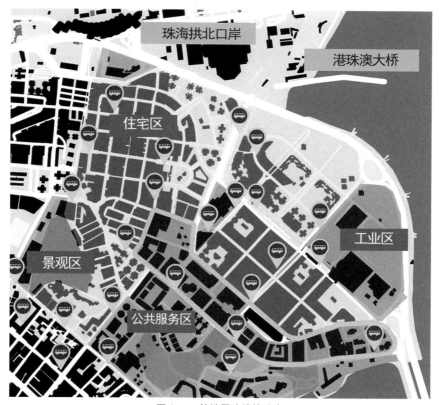

图 3-1 基地周边设施分布

3.1.2 劳工生存问题现状

黑沙环工业区的大部分劳动者来自珠海，每天一早经过关闸来到澳门境内，工作一天后，再拖着疲惫的身躯回到珠海，这一群体，在澳门当地被称为"劳工"。随着珠港澳的经济协同发展，澳门劳工群体数量一直增大，占到澳门本地人口的近四分之一（图3-2）。

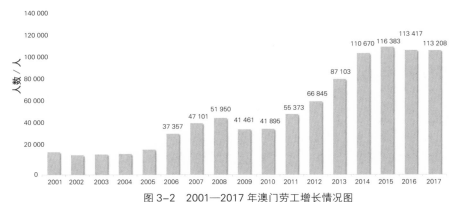

图 3-2　2001—2017 年澳门劳工增长情况图
（数据来源：https://www.dsal.gov.mo/zh_tw/standard/download_statistics/folder/root.html）

通过在基地范围内的走访、调查，我们很快发现了这一群体存在的问题。

1. 工作环境的问题

（1）缺少休憩独立空间：在不到一个小时的午休时间内，劳工兄弟只能在昏暗、狭小、脏乱的楼梯间里休憩。没有床，只能随便在地上垫一层纸板，席地而睡。

（2）缺乏公共交往空间：同楼层的劳工很少有机会能够坐下来找个地方好好交流工作。

（3）时间长、强度大：大部分劳工从事的是重体力劳动，强度大、时间长、职业病严重。

2. 职业发展的问题

劳工群体在澳门社会地位普遍较低、社会认同感差、职业发展前景不容乐观。同时，劳工群体在澳门接收信息的渠道相对闭塞，在找工作的过程中经常受到某些黑心中介的坑骗。

3. 身心发展的问题

高强度工作使劳工群体普遍缺乏休闲、娱乐等活动。活动行为单一、活动范围狭小，与澳门本地居民基本无交流。他们长期奔波于澳门与珠海之间，心理压力大于普通人。长期处于自我认同感低、生活压力大等一系列负面情绪中（图3-3）。

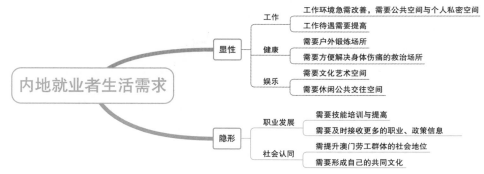

图 3-3-1　劳工生活问题及需求

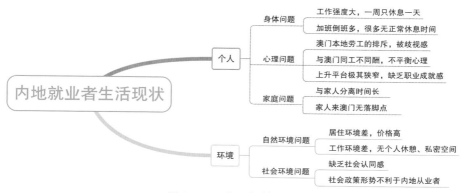

图 3-3-2　劳工生活问题及需求

3.1.3　劳工问题具体解决策略

针对澳门大量的劳工群体普遍存在的一系列问题，我们提出模块化的解决策略，希望运用模块的"灵活性""可变性""开放性"以及"多变性"，妥善地解决问题。模块可以尽可能地覆盖到整个建筑群，避免大改大建的同时降低成本。

根据调研可知，劳工需求分为休闲、保健、洗漱、治愈等，每种功能下有多样的模块配置来满足不同个体的需求。这些模块将被置入工业大厦中，根据劳工的需求灵活投放，并可根据时间的变化调整移动。

根据基地现有情况，结合劳工的需要，选择了 5 个节点。力争从身心健康到休闲娱乐全面覆盖劳工生活。他们分别是"户外运动广场""康体复健咨询中心""信息交互共享中心""职业技术培训中心"。

3.1.4　模块探究

如何能够让劳工群体在澳门地区稳定发展，提高劳工群体的生活质量，提供适量的专属空间是首要的。然而现实情况是，黑沙环工业区的建筑密度已趋向于饱和，难以通过新建方式取得较大改善。在这样的现实矛盾下获得自我认同，使用灵活的、可拆卸的模块是最好的选择。单一功能的模块通过组合既可以保证灵活性和使用率，也可以实现功能的复合（图 3-4）。

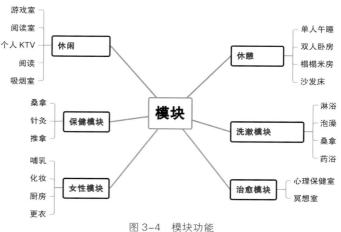

图 3-4　模块功能

由三角锥切割形成的模块在形体上相比立方体更稳固，且在相同的投影面积下占用的三维空间更少，这也可推演出：当许多个模块在相互组合时，空间使用率更加经济（图3-5）。

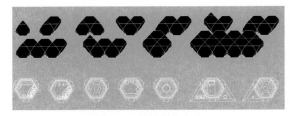

图3-5　模块组合方式

模块的基本尺寸与人体尺寸、常见家具尺寸相关。我们希望模块内的空间在得到节约的同时，不至于令人感到压抑。在预设的活动空间内，家具随形体变化与墙体组合，模块的精确尺寸由此确定（图3-6）。

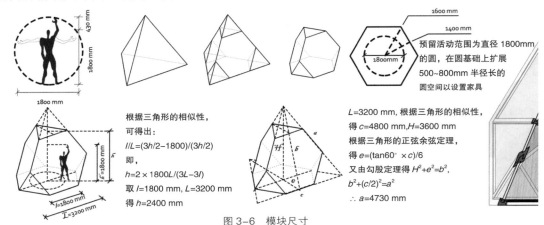

根据三角形的相似性，
可得出：
$l/L=(3h/2-1800)/(3h/2)$
即：
$h=2×1800L/(3L-3l)$
取$l=1800$ mm，$L=3200$ mm
得$h=2400$ mm

预留活动范围为直径1800mm的圆，在圆基础上扩展500~800mm半径长的圆空间以设置家具

$L=3200$ mm，根据三角形的相似性，
得$c=4800$ mm，$H=3600$ mm
根据三角形的正弦余弦定理，
得$e=(\tan 60°×c)/6$
又由勾股定理得$H^2+e^2=b^2$，
$b^2+(c/2)^2=a^2$
∴$a=4730$ mm

图3-6　模块尺寸

落实到建造层面，采用框架结构，解放各个立面。将四个六边形立面和三个三角形立面拆解成为统一模数的三角形面，为不同功能的模块创造灵活多变的立面开窗与开门形式，亦方便后续更换及维修（图3-7）。

模块的功能针对劳工需求定向设置，由于统计数据显示女性劳工的占比较大，因此设计女性需要的特殊空间，例如母婴室、哺乳室、女性卫生间、更衣室等是非常有必要的。男性劳工群体最显著的需求是吸烟室，以此取代昏暗的楼梯间，给予更舒适的放松时间。除此以外基本的卫生间、盥洗室、单人休息室、双人间等都是必要的。除了满足生理需求，还有阅读、休闲、按摩、宠物喂养、花草培育等模块。定制的内部家具适应于墙体的变化，力求最大化利用空间（图3-8）。

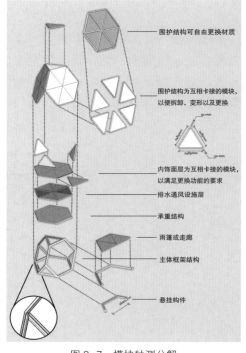

围护结构可自由更换材质

围护结构为互相卡接的模块，以便拆卸、变形以及更换

内饰面层为互相卡接的模块，以满足更换功能的要求

排水通风设施层

承重结构

雨篷或走廊

主体框架结构

悬挂构件

图3-7　模块轴测分解

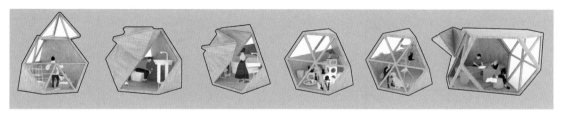

图 3-8　模块单体设计

3.1.5　节点设计

1. 康体复健休闲中心

康体复健中心的功能主要有医疗、咨询、休憩、医学普及等内容。劳工可以在此享受到针灸、推拿、按摩等服务，也可以进行健身、体能训练等。除此之外，康体复健医疗中心还进行医疗普及服务，向劳工群体普及心理咨询及职业病防护等知识（图 3-9）。

图 3-9　康体复健休闲中心功能定位

康体复健休闲中心选址于基地中部一栋 7 层的工业建筑内。该栋建筑现况较为完整，但内部空置率相对较高。建筑改造以增强开放性为主要目标，希望能提供多样化放松休憩的空间，造型上局部点缀力求现代时尚。具体来说，打通建筑二层，将其作为对公众开放的休闲平台，底层采用全开放花园设计，并置入开放性的楼梯连接底层和屋顶花园。增强区域的可达性和公共性。此外，拆除原有外立面烦锁的线角，将小窗改为大窗，满足医疗中心的采光需求。最后置入公共休闲功能模块（图 3-10）。

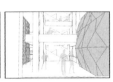

图 3-10　改造效果透视

2. 就业创业技术支持中心

就业创业技术支持中心选址于基地内部原来一所夜校内。原建筑使用状况较好，但也存在空间过于封闭、对城市环境不够开放等问题。就业创业技术支持中心主要为劳工提供技术培训上岗服务，含有技术培训、家政培训、营销类培训（图 3-11）。

在改造时打开底层空间，二层置入公共互动平台，加强内部场地与城市互动。同时，对屋顶进行改造，使其形成相对较为私密的内部使用空间（图 3-12）。

图 3-11　就业创业技术支持中心功能定位

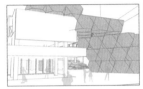

图 3-12 改造效果透视

3. 信息交互共享中心

由于外地劳工进入澳门工作的途径不透明，所以给了很多黑中介从中谋利的机会。通过实地走访得知，一个普通的务工者在工作落实前就要预先支付中介一笔高昂的费用。究其根源，很大程度上是信息不对等的后果。除此之外，互联网上各种招工信息真假参半，难以辨别真伪，给劳工求职带来很大困扰。因此，提供可行度高的、明显的、主动的、足够的信息是他们所迫切需要的。

图 3-13 信息交互共享中心功能定位

本基地与珠海的拱北口岸相距不远，在这里设置一个信息交互共享中心，为迷茫的初来乍到者介绍澳门的基本情况，提供招聘信息、租赁信息，及时宣传最新法规政策等，具有合理性。

另一方面，劳工在工作过程中，有时会受到不公平待遇，但他们一般会选择息事宁人。这是因为他们一方面害怕被遣返，另一方面则是不懂得怎样使用法律武器为自己争取权利。因此，在信息共享中心中，还配备有法律援助咨询服务。（图 3-13）。

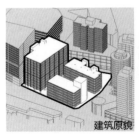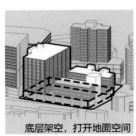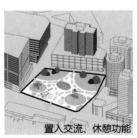

建筑原貌 | 底层架空，打开地面空间 | 置入交流、休憩功能 | 将人流引向上层

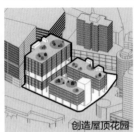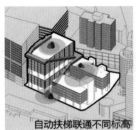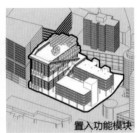

联合屋顶，打开立面，成为贯通的空间 | 创造屋顶花园 | 自动扶梯联通不同标高 | 置入功能模块

图 3-14 改造方法

我们将三栋较小体量的建筑连接成集合体，将内部改造为办公空间，将底层的架空空间分成多个交流空间，布置展板和座椅，希望工人们可以在此地休息的同时掌握时事信息，促进交流；并将三栋大厦的屋顶改造成为信息交流平台（图 3-14、图 3-15）。

图 3-15　改造效果

4. 运动公园

基地内部存在一块使用率很低的空地，当前的功能是摩托车停车场和临时篮球场。我们在此基础上，整合这块空地及周边的建筑，将其打造为一个具有活力的运动公园（图 3-16）。

多人竞技体育是一个很好的促进交流的方式，同时也是一种很好的娱乐放松途径。由于占地面积较大，因此在规划上将公园分为三个主题区：运动区、休闲区、

图 3-16　运动公园功能定位

娱乐区。运动区置入了一个篮球场、一个网球场、两个排球场以及数个乒乓球桌。还设计了一面攀岩墙以及滑板、单杠等设施。休闲区是一片规模较大的绿地，两端抬升顺势作为座椅区。娱乐区内置多个模块组合的功能区，以城市广场的身份承载大型活动，模块互相之间可拆分、组装（图 3-17）。

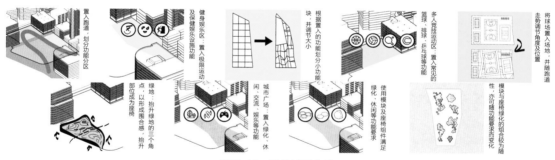

图 3-17　改造过程分析

5. 街景剧场

街景剧场较靠近居民区，原为一片较为开放的活动场地。街景剧场既是劳工群体展示自我、工人联欢的平台，还有利于让越来越多的澳门居民了解、尊重这个群体。街景剧场借助现场环境条件，将剧场横架在半空。既不影响现有交通，又使周边居民、路人能够最大范围地看到剧场（图 3-18、图 3-19）。

图 3-18　街景剧场功能定位

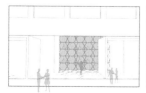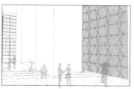

图 3-19　改造效果透视

3.2 PLAN 1200·多级生长的复合城市网络计划

学生：王亮亭　柳寒珂（2015级）　　指导老师：胡璟　费迎庆

3.2.1 分区与业态的重整

黑沙环工业片区原来是一个海湾，1930年代开始填海造陆。1960年代以后，便按照当时的规划，以澳门发电厂为中心，发展成为一个具有相当规模的工业区。黑沙环中部黑沙环海边马路与劳动节大马路之间是20世纪80年代后期的填海区，大部分已经建起了高层商住大厦。该片区位于新旧城区交汇处，城市肌理具有填海新区的特征，拥有规整有序的建筑形态，建筑为大尺度现代风格，沿轴线分布。目前工业大厦存在着大片的空置，剩下的产业主要以制造业为主。片区内有零星文创企业进驻，但现存功能单一，缺少吸引力（图3-20、图3-21）。

图3-20　黑沙环工业区印象

3.2.2 黑沙环工业区存在问题

我们通过对建筑的测绘、对周围环境的调研以及问卷调查等，用SWOT的方法对黑沙环片区进行了问题归纳：

（1）区域优势：相较澳门其他地方，黑沙环工业区拥有特殊的城市肌理、工业建筑的风貌和历史；该区位于澳门北部，西北末端和关闸边境检查口岸相连，是内地劳工的集聚地，在城市形态和交通区位上具有优势。

图3-21　现有城市肌理

（2）区域劣势：通过对建筑内部的调研得知，由于第三产业的兴起，片区内的轻工业发展不利，工业大厦内部出现了大片的空置房间；同时，片区内缺乏有活力的社交空间；且周边交通拥挤，片区步行环境恶劣；绿化稀少，汽车尾气多，空气质量不好。

（3）区域机遇：该片区的慕拉士大马路是澳门赛车比赛的路段之一。浓浓的赛车文化可能成为再发展的机遇。

（4）区域威胁：面对工业产业的大幅衰退，原本的工业大厦是否能够继续存留孕育新型产业？

3.2.3 黑沙环工业区更新设计策略

1. 公共空间的改造

基地内步行环境恶劣，公共活动场地缺失，人车混行导致交通阻塞。工业大厦底部最外围为沿街商铺，内部为卸运货的仓库。人行道紧贴商铺出入口，运货出入口与人行道交叉，十分不便。为解决这一问题，采用将建筑底层整体架空的做法，提供更丰富、更宽阔、品质更好的步行空间；架空层内形成有机的商业布局，人们可以在建筑底部穿行购物（图3-21）。

2. 产业业态整合调整

底层架空之后，把货运出入口整合到支路上，再把工业生产空间集中布置在某几幢大厦，其他大厦则置入办公、教育、文创等新兴产业。

3. 置入装置设计

由于工业大厦的体型庞大，加上非人尺度的生产空间和狭窄步行街道，人们在建筑间的步行体验很差，所以引入一些小尺度的装置设施，增加舒适的生活体验。通过这些小的构件来激活片区内的产业、提升整个片区的活力，使得附近的居民、学生、外来的务工人员以及来到澳门的游客经过黑沙环片区时，都能感受到这个地区原有的工业魅力以及舒适的生活氛围。

借鉴日本建筑师藤本壮介的"远景之丘"设计做法，用可拆卸的杆件装置来激活片区。相对比体块或板片的装置，杆件装置的灵活性及透气性更高，对原有建筑的立面和城市的风貌影响最小。为满足不同活动功能的需求，结合考虑人体尺度，我们采用了两种模数的框架，分别是 50 mm×50 mm×1 200 mm 的小型杆件钢架和 100 mm×100 mm×3 600 mm 的较大杆件钢架。其中 1 200 mm 的框架使用最多，3 600 mm 是在 1 200 mm 的基础上发展出来的，用于较大空间场所中（图3-22）。

4. 装置置入模式

装置与建筑的结合，主要分为"置入"跟"溢出"

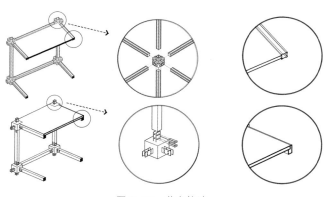

图3-22 节点构造

两种模式，装置"置入"的形式主要用于底层街道、内部中庭，溢出的形式使用场所相对多样，有沿街商业、屋顶花园、立体交通、局部透空等，同时也可用于两个建筑之间的连接，可以作为街道风雨廊道、过街天桥等（图3-23）。

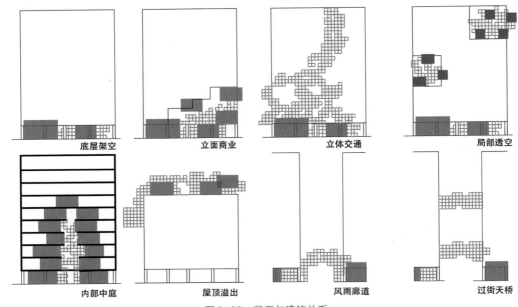

底层架空　　　　　立面商业　　　　　立体交通　　　　　局部透空

内部中庭　　　　　屋顶溢出　　　　　风雨廊道　　　　　过街天桥

图3-23　装置与建筑关系

5. 装置置入示例

城市更新是一个漫长的过程，应采用灵活的手段处理，这些杆件装置采用可拆卸的形式，具有可发展性及可逆性。人们可以利用这些装置在不同的场所自行进行组装以满足各自的需求。

对于装置的置入点的考量，我们以以下四个为例说明（图3-24）。

（1）第一个节点的选取位于基地的西北段，现为一片棚户区。它靠近关闸边境，周围环绕着工业大厦，人流量也较大。结合周边新建的文创楼，加入一些澳门文化（粤剧）及新型的产业活动，营造新空间。

（2）第二个节点位于小学旁的小公园。现有公共空间使用效率低，健身器材闲置。选择这个节点置入装置，希望能让放学时的小孩和家长在这个公园停留，为他们提供户外的等候和社交空间。

（3）第三个节点是被周边建筑三面包围的封闭小型场地，我们希望以立体花园为主题，营造一个充满活力与绿化的公共空间，包括丰富有趣的立体步道，既可丰富居民公共生活，又增加居住的便利性。

（4）第四个节点现在为宝马汽车的专卖店。因为正对的慕拉士大马路是赛车路段，周边有不少4S店和汽车改装店，所以我们想将其改为一个汽车展览馆，作为片区的文化名片，强化赛车特色。

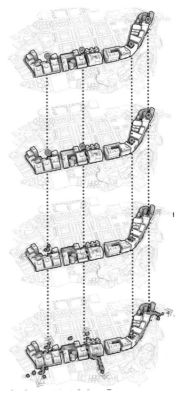

图3-24　四个不同主题节点

6. 装置的时空演变

随着时间的演变发展，我们预期置入的装置将逐步给片区带来更新变化（图 3-25）。以五年为一个更新的阶段进行目标设定：

2019 年置入小的装置，人们通过使用这些小的装置在各个节点的活动增加，从而使人们更多地聚集在节点。

2024 年装置在各个节点基本形成，拥有不同的活动性质，装置开始改变该片区人们的活动方式，促进建筑内部产业结构的更新。

2029 年，装置分布更广，建筑内外都与装置相结合，各个节点间也有了相互连接，装置逐渐覆盖了片区。产业也基本达到了一个新的平衡点。

2034 年，装置开始从片区向外发展，蔓延至水塘、螺丝山等区域，片区内的人们能更便捷地到达各个景观及休闲场所。不同时间段，装置主要承载的功能会根据人们的行为进行调整，同时装置也会回应这种缓慢的更新而改变其自身的形态（图 3-26）。

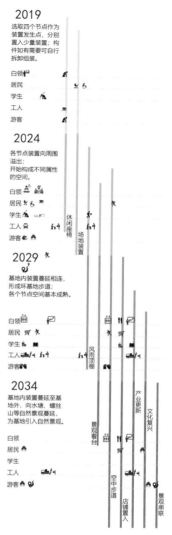

图 3-25 装置随时间变化而更新发展

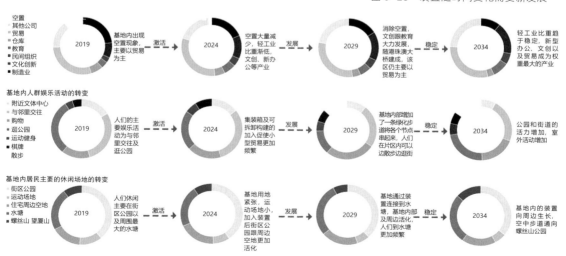

图 3-26 基地内部产业生长

3.2.4 节点具体设计

1. 剧院：文脉的呼应，声音的传承

第一个节点选址于基地西北角的一处棚户区（图 3-27），其三面都被工业大厦围拢，隔着一条马路，对面是一片杂乱的停车场与加油站。

此处少有人来，仅一面临街，比较冷清。但，这是东西两片居民区的唯一道路，也是游客进入黑沙环首先接触到的几条街道之一。所以，我们认为这里可以作为此次城市整体更新设计空间序列的一个起始点。

这里需要面对居民和游客两大人群。从居民角度出发，需加强两片居民区的联系，给他们提供一个高品质的公共空间，增强交流、丰富生活；从游客角度出发，需创造一个较大的空间作为游览序列的起始点。综合这两点，选取了澳门非遗项目作为此处节点的主题，如粤剧、南音说唱、道教科仪音乐、土生土语话剧等，打造此区域的一片露天剧场式表演舞台。这些项目是澳门的

图 3-27　节点原貌

活文化，无论是丰富居民公共生活，重塑地域文脉，还是向游客展示澳门文化和市井生活，都是非常好的选择。

首先，构筑了一个开放式的戏台空间，由舞台、观众席以及观众席后的立体街道构成。这里的第一功能就是观演，向观众席也向路过的人群展示本地的戏文化；而高低错落的看台板块同时也形成了具有趣味性的休闲空间，可供居民进行休闲和社交活动，也可供游客歇脚、参与市井生活。然后，构筑立体街道，提供更多层次的观演空间，同时也可以作为周边文创的售卖场所，带动周边产业的发展（图 3-28）。

2. 立体迷宫：可生长的街心公园

第二处节点选址于基地的中段，原为街区内最大的

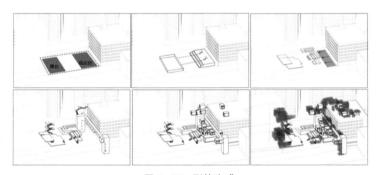

图 3-28　形体生成

公园。此公园作为基地内唯一的非带状花园（呈接近 4:3 的矩形），位置亦接近基地中心，非常适合地标性装置或建筑的选址。

此公园附近有许多学校和教育机构，其中澳门坊众学校出口更是直通花园东南角。放学时，公园立即为家长与学生占据，附近也有许多因而衍生的餐饮、零售店铺。这个节点的人群设定就是学生与家长，以儿童游乐设施功能为主，灵活搭配其他服务，强调具有一定的标志性与趣味性，作为游客体验空间序列上的第一个休息处。

立体迷宫为本节点的主题，以 3 600 mm×3 600 mm 为模数的杆状结构穿插梯道，在节点处设置小型集装箱作为瞭望台或者小型货摊。其空间的生产逻辑是以一段梯道为蓝

本生长、组合，最终演变成为一个大型的可生
长装置。

立体迷宫同时也作为整个网络体系中的空
中步道的起点。这条纯人行流线，穿插于基地
内部的建筑之间；在几个节点处延伸向远处的
自然景观。在此节点处，空中廊道沿着裙房的
屋顶生长到风雨廊道的顶端，向东北穿过建筑
的缝隙连接住宅区中心绿地；向西南穿过泉福
工业大厦向螺丝山公园延伸（图3-29）。

3. 中庭

在立体迷宫的北边，南岭、泉福、飞通三
幢工业大厦紧密相连。附近有许多学校、辅导
机构以及衍生产业，邻近的骑楼下终日有老人
与小孩来往。

澳门的梅雨时节到来时，户外场地就显得
捉襟见肘，骑楼下逼仄的空间不能满足人们的
活动与社交需求。有感于此，我们希望结合教
育产业的业态与孩子们的公共活动，为居民及
学生在大厦内部开辟一片中庭，构筑一系列尺
度宜人、错落有致，同时能承载新型教育功能
的空间。

为了打开大厦内部，向外部开放，更好地
展示工业大厦所蕴含的独特建筑形态与历史文
化（图3-30），将大厦底部外墙去除，整合货
运空间集中在南岭、飞通大厦两侧，保证人货
分流。其他部分完全向公众开放，打破旧有的
工业区肌理，引入宜人尺度的道路与新产业，
改善街道步行体验，为新的街区生活提供更好
的容器。三层的装置"溢出"成为廊道，引入
螺丝山公园自然景色（图3-31）。

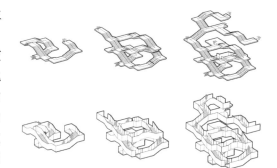

图 3-29　立体迷宫逻辑生成

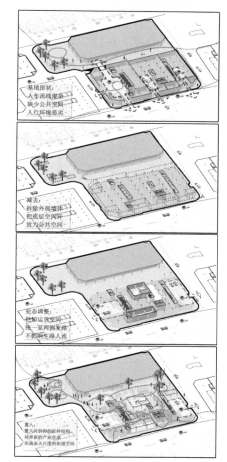

图 3-30　底层架空分析

底层架空，拓宽街道空间，丰
富街区生活，提供宜人尺度的
公共空间，加密人行路网，增
强街区可穿越性。

打通天井，形成内部有生命
力的活化空间（光线、空气、
雨水），成为街区内在的活
跃核心。

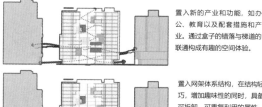

置入新的产业和功能，如办
公、教育以及配套措施和产
业。通过盒子的错落与梯道的
联通构成有趣的空间体验。

置入网架体系结构，在结构轻
巧、增加趣味性的同时，具备
可拆卸、可重复利用的属性，
使置入空间更加灵活可适应。

图 3-31　剖面分析

4. 汽车展馆：赛车文化的传承与表达

东望洋跑道是澳门举行澳门格兰披治大赛车的专用跑道。渔翁街赛车活动带动了周边汽车展销、维修业的发展。此处设有多个4S车店，过街转角处布置着高档的跑车展示厅。

汽车展馆节点原址是一处宝马公司，位于基地东南近海端。我们将它改造为一个汽车展馆，作为一个城市名片展示给过往的游客和行人，同时记录当地的赛车历史，加深居民对本区历史的了解和认知。

在建筑设计上使用通透的框架结构，用于展示观览坡道和悬挑的展览盒子，同时也隐约可见其后的建筑立面，体量轻盈，消隐于厚重的大楼之间（图3-32、图3-33）。

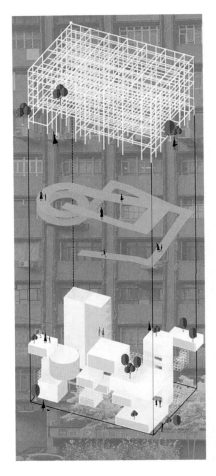

图 3-32　空间逻辑分析

图 3-33　一层平面图

5. 空中步道：展示与连接

装置在建筑中蔓延连接成为空中步道，以缓解人车混行带来的交通问题。同时，空中步道连接了建筑内外，游客穿行其中，可以更好地观赏工业建筑略显沧桑的表皮，或者进入内部感受曾经热闹的生产车间。步道在层叠的屋顶上延伸，形成大大小小的节点与地面连接，沿途还散布着许多楼梯通向地面或建筑内部（图3-34）。

过街天桥跨越马路，与螺丝山、水池等自然景观相呼应，为居民提供了更好的漫游路径，增强了外部公共场所的利用率与可达性。

将小集装箱分布在步道周围，作为行人休憩、摊贩摆摊、艺人表演排练等的容器，丰富步道功能的同时也增加了漫游的趣味性。

图 3-34　空中步道效果图

3.3 都市菜谷——基于城市生产性景观的探索与尝试

学生：童永超　臧宛荻（2015 级）　　　指导老师：胡璟　费迎庆

每天有不少澳门居民携带青菜通过拱北口岸返回澳门，这个现象引发我们对于澳门本地蔬菜供应的好奇。对于一个以博彩业为主的城市，他的农业基础会是怎样的？居民们每天都要面对的"菜篮子"民生问题是怎样的状况？我们从蔬菜来源、类型、菜价等方面展开调查，最终产生了以蔬菜种植为核心的"城市生产性景观"更新思路。

3.3.1 澳门地区蔬菜供应现状调查

我们首先调查了澳门蔬菜供应的来源。澳门本地并没有蔬菜生产基地，完全依赖其他地区供应。据统计，全国共有 269 个蔬菜基地对澳提供蔬菜，它们广泛分布于各省、市，主要集中在华中、华东与华南地区，偏远的辽宁省和甘肃省也有供澳的蔬菜基地。从 269 个蔬菜基地的供澳产品类型统计分析可知，澳门需求量最大的蔬菜类别为叶菜类蔬菜、块茎类蔬菜和西兰花（图 3-35、图 3-36）。

本页位置：首页 → 新闻中心 → 港澳新闻　　　　　　港澳频道：

澳门万名主妇每日挎大包珠海买菜　上午来下午走

2009年04月24日 14:45　来源：广州日报　　发表评论　【字体：大 小】

每天澳门师奶拎着大包小包忙过关成为口岸一景。（图片来源：广州日报）

【点击查看其它图片】

由于过关方便快捷 加上珠海物价较澳门低廉 不少澳门师奶每日都到珠海购物买菜 随后过关回家做饭 导致出现过关高峰

每天上午10时30分以后约一小时内，拱北口岸便出现一股"雷打不动"挎着大包小包菜蔬的澳门师奶返澳门过关高峰。因为内地菜蔬便宜，加上通关便捷，众多澳门家庭主妇从珠海购物买菜。

图 3-35　关于澳门居民到珠海购买蔬菜的新闻报道
（图片来源：根据网页 www.chinanews.comgafzsjnews200904-241662694.shtml 局部截屏）

图 3-36　供澳蔬菜类别与比重

从澳门与珠海的青菜销售对比中可知，澳门蔬菜价格普遍为珠海蔬菜价格的两倍，这也就不难理解澳门居民为什么会不辞辛劳地通过拱北口岸到珠海购买新鲜蔬菜。这是因为蔬菜的成本主要包括种植成本、运输成本与保鲜成本，较长的运输距离与较多的保鲜成本导致澳门本地菜价高居不下。另外，从批发商到零售商再到消费者，商品利润层层扣减，销售价自然也被提高（图 3-37）。

产业链人人叫苦 澳门一斤青菜竟卖10几元?

来源: 百家号 | 发表于 2018-10-05

消极

用消费者购买的零售价来比较,每斤菜心在澳门要12.8元(澳门币,下同),但过了关在珠海买,零售价只要6.4元;肉类方面,每斤猪瘦肉要47.7元,同样在珠海,却只要23.5元。这些价格资料在政府网站上都可以查阅,但即使政府提供资料予市民比较,仍然无法对本地售价产生压力,因为市民其实别无选择,只能通过澳门政府许可的渠道购买生鲜食品,而价格就是这么贵,不买?那就要走一趟珠海,当「走私客」。

如果检视菜肉进口的价格链,9月上每棵菜心进口价2.4元到零售就要每斤13.7元,相差超过五倍;鲜猪肉进口价每斤12.7元,到零售就要47.1元,相差3.7倍。原产地一样来自大陆,从珠海运到澳门,为何价格就要翻四番、翻五番呢?

图 3-37 澳门媒体对蔬菜价格的报导
(图片来源: https://baijiahao.baidu.com/s?id=16134515167
38074347&wfr=spider&for=pc)

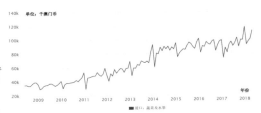

图 3-38 澳门蔬菜进口量变化(图片来源于网络)
(数据来源: www.ceicdata.comzh-hansmacautrade-
statistics-by-principle-commodityimports-
vegetables-and-fruits)

　　根据澳门蔬菜进口量历年变化表,澳门对于蔬菜的需求量在逐年增长。而从澳门各个年龄段人群摄入蔬菜情况来看,澳门居民普遍蔬菜摄入量不足,其中年轻人与老年人蔬菜摄入不足现象更为严重。进入 21 世纪,世界范围内耕地数目减少,澳门的产业结构单一,蔬菜供应严重不足,蔬菜价格不合理。以此为依据,我们提出为澳门旧城区注入第一产业并借此衍生出新的产业的总体目标。与此同时,缓解由于长距离运输造成的蔬菜价格偏高与新鲜度偏低的问题。设计来源于生活,又回馈给生活(图 3-38)。

3.3.2　澳门工、农业发展历史及现状

　　对于澳门农业现状的原因应从历史演变当中寻找线索。澳门居民最初以渔业为主要生活收入来源,葡萄牙殖民统治时期,其蔬菜的供应主要来自内地,居民通过口岸购买内地蔬菜。后来,澳葡政府与清政府发生政治纠纷,清政府断绝对澳门的蔬菜供应,澳葡政府开始在本地推广农业,黑沙环片区就曾是耕地。这一期间,澳门蔬菜基本自给自足。清末,朝廷开放了对澳门的蔬菜供给,内地廉价的蔬菜逐渐占据市场,澳门农业由此衰弱,加上澳门本身的气候与土壤条件并不十分适合蔬菜的种植,耕地被逐步荒废(图 3-39、图 3-40)。

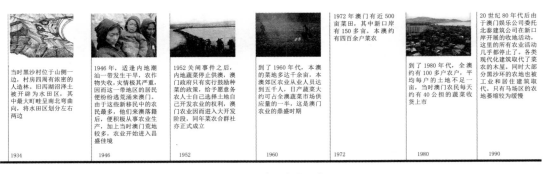

图 3-39　澳门农业历史

图 3-40 澳门工业历史

澳门的农业消退后，工业逐渐崛起，澳门的工业以轻工业为主，如纺织工业与食品工业。到了近代，澳门博彩业繁荣发展，工业也逐渐式微，形成以博彩业为主体的单一产业结构，第一产业完全缺失。现在，澳门工业区主要分布于西北角的青州、望厦山以南片区以及黑沙环片区。其中，青州工业区的活力较高，后两者正面临发展的瓶颈，较少有工业活动（图 3-41 ～图 3-43）。

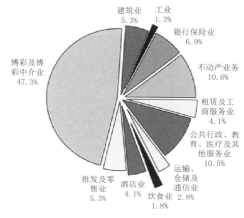

图 3-41 澳门产业结构分布

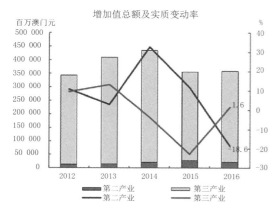

图 3-42 澳门产业结构变化
（数据来源：澳门特别行政区统计暨普查局网站 www.
dsec.gov.mogetAttachmentCEBFF410-73FB-4E06-
9023-368AC60A78AFSC_PIBP_FR_2016_Y.aspx）

图 3-43 澳门工业区分布
（根据百度卫星地图绘制）

3.3.3 规划思路

基于以上分析，我们制定以下规划思路：

（1）以综合考虑澳门长远发展的思路出发，将望厦山以南包括黑沙环片区在内的工业统一迁至青州工业区，可以在密集的城市当中获取可利用的都市空间来作为城市的留白与空隙。

（2）调整片区产业结构，使澳门的第一产业以一种新的姿态重新恢复生机，利用现有的技术提高农业生产效率，并将农业生产与工业生产和第三产业结合起来，促使澳门的产业结构更加多样化与复合化。

（3）将植物生产作为产业链的基础，为空间上的生产性景观作铺垫，借助高产量的室内种植技术，提高农业生产效率。通过这些措施，农业的产品可以直接销往城市，能够提供澳门半数居民的蔬菜需求。其次，原产品加工后的次产品可用于带动当地手工业的发展，这将成为这个片区的特色产业，次产品提高了原产品的价值与利润，也为当地提供了更多的工作机会。手工业的发展可以带动当地的旅游业发展，农业植物与生产活动是居民体验自然与生产的首选，吸引游客的同时带动了第三产业的发展。原本被遗忘的工业大厦，将被全新的产业形式所取代（图3-44）。

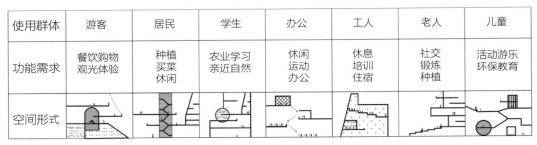

图3-44　使用群体、功能需求和空间形式

3.3.4　生产性景观理论

1. 城市生产性景观

生产性景观起源于农业，生产是其最初的功能。随着经济发展，观赏性的景观逐渐代替了生产性景观。由于快速的城市化和工业化导致的耕地萎缩，生态破坏、人与自然的疏离等产生的问题越来越严重，引起了人们对于城市化的反思。生产性景观作为改善城市生态环境，提供有机食品的可靠途径，逐渐与城市建设结合起来。《城市农业：食品工作和可持续城市》一书最早提出了城市农业的发展和意义，2005年卡特琳·伯恩（Katrin Bohn）和安德烈·维尤恩（Andre Viljoen）提出了CPULS概念，第一次从设计角度提出了生产性景观。而后瓦格纳和詹林姆提出了"可食城市理论"。近年来我国也有不少学者在这方面进行了很多的研究。我国生产性景观学者蔡建国在接受《景观设计学》访谈时提出，"生产性景观来源于生活和生产劳动，它融入了生产劳动和劳动成果，包含人对自然的生产改造和对自然资源的再加工，是一种有生命、有文化、能长期继承，有明显物质产出的景观。"

2. 城市生产性景观的优势

（1）具有良好的参与性和互动性。不同于普通城市景观单一的观赏性，城市生产性景观由于其生产功能，使得市民更容易与之发生互动。市民参与其中时，不再是单一的劳动者，而是通过种植、照料、采摘作物，与城市发生更深层的交流，成为城市生态美化的参与者。

（2）有良好的自然性与观赏性。人们在参与作物种植的同时，可以更近距离观赏植物，与大自然亲密接触，认识植物的多样性。人们更加主动地去欣赏景观，而不是被动地接受。

（3）可控性高。与传统农业相比较，新型农业的生产更加稳定，封闭的生产空间不受天气、环境、虫害等不可控力干扰，无须农药，更加健康。

（4）具有较高的实用性。在为城市提供绿色生态景观的同时，可以为市民提供有机的绿色食品，自产自销，使城市不再完全依赖耕地产出的食物，缓解耕地紧张的压力。未来随着耕地缩小和科技发展，新型农业会越来越普及，与人们生活工作的结合也会更加密切。

3. 生产性景观范例

（1）德国安德纳赫的"可食城市"，是由居民自下而上形成的都市农业。该城市每年都会有不同的种植主题，参与者可以领取政府分发的种子，将种子种植在自家花园中。公共区域的作物由政府雇佣当地农民照料。市民可以随意摘取果实食用，余下的果实放到当地的有机超市售卖。

（2）日本保圣那（Pasona）人事管理顾问公司东京总部办公楼内的"都市农场"，为增加员工交流、缓解员工压力而设置。这所都市农场每年可以为整个办公楼减碳 2 t，同时为员工食堂提供数量可观的食材。

（3）底特律市中心拉斐特绿地主要为市民提供栽培、养护、采摘农作物的场地。不同于普通的农业用地，设计之初设计师为其做了很多的分析处理，例如抬高种植床，设置休息座椅、黑莓围合的圆形场地、作为竖向景观的棚架以及儿童种植区等。此绿地可以说是一个种植式公园（图 3-45）。

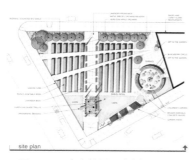

图 3-45　生产性景观实例（图片来源：www.asla.org2012awards073.html）

3.3.5　以黑沙环工业片区更新为例

将都市生产性景观置入老旧工业区，一方面，可以为人们提供良好的都市景观视野，延续工业区的生产功能，由原来利用率低、经济效益低的制造业转变为空间利用率高、经济效益高的高科技种植业，为澳门居民及游客提供新鲜低价的蔬果；同时可以根据种植作物来发展次生产业，例如花卉—香水，草药—保健品与护肤品，浆果—酒类等（图 3-46）。

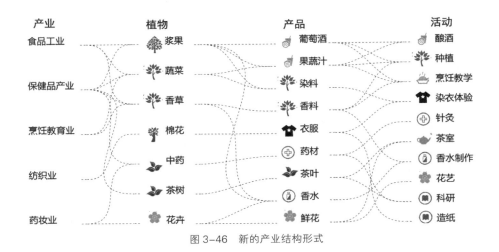

图 3-46　新的产业结构形式

目前，大部分都市生产性景观规模都不大，仅作为点状存在城市中，其覆盖范围小、影响力低、难以使市民大量参与。不同的是，我们所设想的黑沙环都市生产性景观是面状且可以不断扩张的都市乐园。既利用自然光进行种植，作为景观观赏；又在工业大厦的内部采用 LED 光源种植，以加大产量。经简单计算，一栋工业大厦可日产约 1 000 kg 的蔬菜，十栋工业大厦每日就可以满足澳门 42% 人口的蔬菜需求，经济效益非常可观（图 3-47 ～图 3-50）。

1. 设计的难点与解决方法（设计逻辑）

黑沙环片区的工业建筑主要为粗野主义风格，是近代建筑史的重要沉积，具有保留的意义。在设计时尽可能不破坏原有街区的形态与氛围，保持建筑历史风貌的同时在建筑中引入景观（图 3-51）。

图 3-47　新旧产业对比　　图 3-48　产业流程图　　图 3-49　预期成果　　图 3-50　相关政策

图 3-51 基地拼贴

2. 形体操作

工业大厦内部进深大，光线不易到达建筑的中间，为了解决这一问题，从上至下将建筑"劈开"，"劈缝"上大下小，方便引入光线，最后形成一个都市峡谷的形态。在这一过程中，工业大厦原本庞大的形态被瓦解，黑沙环工业区的肌理也发生了改变。建筑由此形成两个表皮，一个面向街道的被完整保留的历史风貌的立面，另一个则是布满有机植物的表皮（图3-52）。

我们采用水道的形式将各个工业大厦曲折连接。由于水塘地势低，于是我们在二层高的位置设置了贯穿基地的水道，水道串联了各个建筑物并最终汇集到水塘，由水塘提供水源和动力。流水将为立面和建筑内部的植物生长提供稳定的水源。另一种连接形式是空中栈道，空中栈道将内部立面上的各个平台相互连接，提高了各个工业大厦的互动。

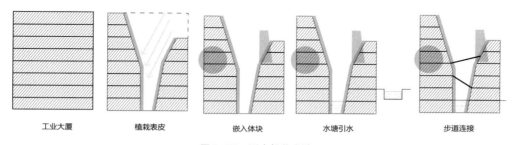

工业大厦　　　　植栽表皮　　　　嵌入体块　　　　水塘引水　　　　步道连接

图3-52　形态操作方法

3. 透气空间

黑沙环工业区内的工业大厦密集且缺少空地，通过拆除一些建筑，可以获得"透气"空间。采用空间句法对各种可能性进行分析，计算其整合度后，发现plan6的提升效果最好，故拆除红色区域内的大楼，形成本区域"市民广场"（图3-53）。

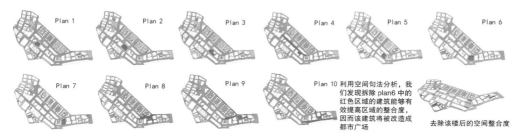

图3-53　空间句法分析

4. 功能分区

基地主要分为三个片区：在市民广场附近的工业大厦空间将被赋予商业功能，作为植物工厂生产的主要产品与副产品的销售窗口；大多工业大厦空间将被打造成植物工厂，其中底层作为手工业与食品工业等生产与展示的空间，有利于吸引过往的行人，上部则作为植物生产空间，上部为下部提供生产资料；服务于植物工厂的配套，包括植物工厂工人的住宿，植物技术的研发和植物工厂运营的办公区等。三个部分也采用了三种不同类型的"峡谷"立面：商业区采用弧形的张拉结构作为内表面，在表皮与工业大厦框架间形成形态丰富的空间；植物工厂将水道里的水抽到建筑内部的灌溉系统中进行过滤处理，后被用于滴灌，墙体内的水流带走植物生长产生的热量、降低建筑能耗（图3-54～图3-61）。

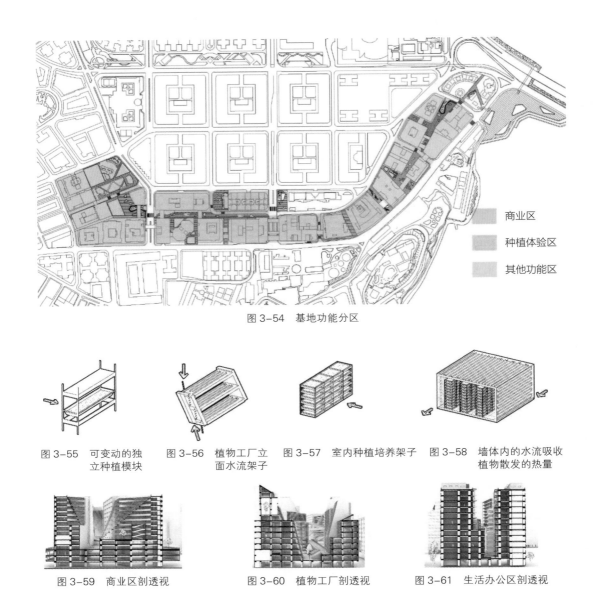

图 3-54　基地功能分区

商业区

种植体验区

其他功能区

图 3-55　可变动的独
立种植模块

图 3-56　植物工厂立
面水流架子

图 3-57　室内种植培养架子

图 3-58　墙体内的水流吸收
植物散发的热量

图 3-59　商业区剖透视

图 3-60　植物工厂剖透视

图 3-61　生活办公区剖透视

3.3.6　结语

此方案设计的目标是建立一个自然化、多样化、可持续化的复合植物种植片区。此设计将商业活动、娱乐活动与种植工厂相结合，创造了多种形式的种植空间，包括挑台、屋顶种植空间，立面棚架种植以及内部的 LED 人工光源种植空间等。同时在工业大厦内部插入体块，作为游客、居民的产品生产或住宿体验空间，增加了游客、居民的参与及交流。

将建筑本身作为城市形态学上的"大地"，用景观来操作城市的"大地"形成峡谷，既保留了建筑的外部历史风貌，又将原本阴暗的内部空间改造为具有活力的城市峡谷。

3.4 磁性吸附，耦合再生——基于磁耦合理论下的共享工业区设计

学生：陈曦　覃勤兵（2015 级）　　　指导老师：胡璟　费迎庆

3.4.1 现状分析

　　澳门特别行政区，尤其是澳门半岛，地小人多，经过四百多年历史演变，小街窄巷纵横交错，形成以教堂为中心的、商住和旅游功能高度集中的城市特征，具备南欧风情的写意休闲城市肌理。这里既有丰富的历史文化遗产，也有丰富多彩的社区生活，有不同文化特色的美食，也有现代都市的繁华便捷。

　　澳门的产业主要以第二产业和第三产业为主。四大经济支柱产业分别是：出口加工业、博彩旅游业、金融服务业、建筑地产业。近年来，出口加工业逐渐没落，博彩旅游业占比渐渐上升，有超过出口加工业的趋势。

　　黑沙环工业区，位于澳门半岛东北部，原来是一个海湾，经过多次填海造陆而成。南部黑沙环马路、慕拉士大马路、渔翁街一带是工业区，工厂大厦林立，澳门电力有限公司厂房也在这里。1960 年代以后，按照当时的规划，以澳门发电厂为中心，黑沙环发展成为一个具有相当规模的工业区。

　　黑沙环中部黑沙环海边马路与劳动节大马路之间是 20 世纪 80 年代后期的填海区，大部分已经建起了高层商住大厦；北部是 20 世纪 90 年代初期的填海区，大部分仍在开发建设中；东端是黑沙环污水处理厂，通往氹仔的友谊大桥就在它的旁边。保利达花园、广福祥花园、广福安花园、海明居、寰宇天下等大型屋苑，都坐落在该区内。另外，该区东南末端为友谊大桥的起点，其西北末端则和关闸边境检查口岸相连。

　　工业区内的人群主要包括附近居民、游客和工业相关的从业人员三种。经过调研与访谈，我们针对三种人群的需求进行了细分：附近居民希望通过改造能够便捷地出行、买菜和购买日常生活用品，想要舒适的生活环境、热闹的场所氛围，以及更多邻里交流活动空间；游客更希望有更多的特色景点、特色美食和文化体验；工业从业人员则更希望有干净舒适的工作环境、临时休息的场所，以及可供同事间互相交流的空间（图 3-62）。

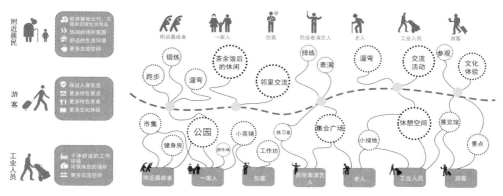

图 3-62　居民、游客、工业人员的生活需求

工业区内产业结构十分不合理，青年劳动力意愿从事的文化、创意、科技产业占比很少，针对游客的休闲旅游类和居民需求的教育类产业占比也不高。这在一定程度上造成了人才流失和老龄化现象，使得区域内产业衰退、人才流失、人口老龄化三个突出社会问题互相影响，恶性循环。

3.4.2 概念生成

1. 磁耦合理论（图3-63）

磁耦合理论，最早形成于电子学概念，指一个线圈的电流变化在相邻的线圈产生感应电动势，它们在电的方面彼此独立，之间的相互影响是靠磁场将其联系起来，电子学上称其为磁耦合。简而言之，耦合就是将两个有潜在联系的事物通过一种媒介连接起来。在磁耦合理论下，通过置入不同磁性因子形成多样磁性空间，各个磁性空间相互作用与影响，给区域注入新的活力，以达到最终增强该区域的综合吸引力的目的。

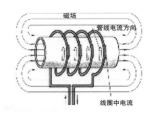

图3-63 磁耦合
（图片来源：万举惠.感应热处理工艺在风塔筒建造中应用研究 [J]. 金属加工（热加工），2017(21)：32-34.）

《基于磁性空间理论的历史街区空间更新研究：以齐齐哈尔一厂四宿舍历史街区改造设计为例》（李思澈，2018）一文指出，旧城区是一个地区所蕴含的历史记忆的关键构成，也是体现城市职能的重要构成因素，在现代城市生活中，旧城区所提供的职能越来越凸显其必要性，磁性空间理论因其特有的视角与模式，往往与旧城区的空间与改造具有很强的契合性。

黑沙环工业区是由填海造陆逐步发展而来的旧城区，作为澳门早期出口加工业发展的重要基地，整个工业区呈现出强烈的产业形态特征；区域内含多栋居民楼，人群构成有普通原住居民、内地移民、葡萄牙移民以及工业相关从业人员等，整个工业区呈现出丰富多元的文化形态特征。同时，因为区域内产业业态混杂、工业大厦老旧、步道狭窄拥挤、休憩空间不足等，给该区域带来不同于其他地区的矛盾与问题。以上种种特征，均与磁耦合（磁性空间）理论特有的视角与模式契合，因而将磁耦合理论引入该区域的更新改造设计中（图3-64、图3-65）。

图3-64 划分运动、文化、景观因子

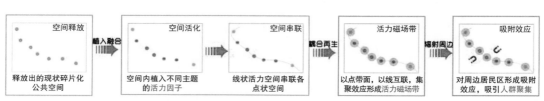

图3-65 更新设计方法

2. 区域内的现有磁场

首先，黑沙环工业区作为澳门工业发展的重要基地，整个工业区内工业大厦林立，澳门旅游伴手礼龙头企业"钜记手信""咀香园饼家"等众多企业加工工厂均分布其中。区域内工业大厦所呈现出的强烈的工业文化形态，成为该区域独特的强效磁场，具有很强的吸附力。

其次，工业区内部及区域周边拥有独特的区域文化。舞龙舞狮表演、南音说唱、鱼行醉龙节、土生土语话剧、粤剧表演等众多具有当地特色的民俗活动蕴含其中。此外，多样的宗教文化和葡萄牙外来文化也对黑沙环地区产生了强烈的影响，使得该区域拥有包括妈祖信俗、哪吒信俗、道教科仪音乐以及土生葡萄牙人美食烹饪技术和葡萄牙语文化在内的多元文化。这些丰富的民俗活动和多元的文化特色，构成了该区域相对较弱一级的磁场，也具有一定的吸附能力（图 3-66）。

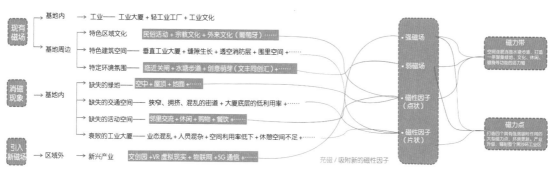

图 3-66　现状分析与设计思考

3. 区域内的消磁现象

工业区内除了存在具有吸附作用的磁场外，还存在许多消磁现象。比如工业区人行步道狭窄拥挤；公交上客区侵占步行空间；非机动车任意停放；占道装卸货物等给行人带来非常不舒适的步行体验。

此外，区域内严重缺乏休憩空间和设施，工人不得已利用消防楼梯平台临时休息，导致了极大的安全隐患。还有工业大厦内业态混乱、空间利用率低下、阴暗潮湿采光不足等问题，均在不同程度上削弱了黑沙环工业区现有的磁力（图 3-67）。

图 3-67　区域内消积现状

3.4.3 具体设计

针对工业区的消磁现象重新进行充磁，并让其吸附新的、不同功能的磁性因子，通过打造一条串联水塘步道的空中磁力带和若干个具有强效吸附作用的磁力点，使整个区域成为更强的磁性空间，有效聚集周边人群，构筑更具活力的共享工业区。

1. 磁力带

首先对工业大厦中间层进行空间释放，在这些释放的碎片化公共空间内置入不同主题的"磁性因子"，并用空中连廊将这些空间和水塘步道进行连接。既缓解地面步行系统的压力，又给整个工业区带来更多休憩娱乐的公共空间。置入磁力带的磁性因子主要由提取的运动、景观、文化等若干主题构成。

在这其中，两处置入运动因子，分别为健身活动中心和活力水塘步道；四处置入景观因子，分别位于莱莱超市、富大工业大厦、居民楼和永新企业大厦，形成莱莱超市屋顶花园、休闲公园、居民楼屋顶花园和永新企业大厦空中花园；五处置入文化因子，分别位于建业工业大厦、澳门工业中心、泉福工业大厦、南丰工业大厦、海洋工业中心，形成工业展览空间、葡语学习交流基地、葡式餐厅、粤剧南音观演平台和民俗展览空间。

利用不同主题的"磁性因子"激活不同空间的活力，形成多主题线路，使不同空间提高活力的同时具有较好的互通性，通过集聚效应形成"磁场"，不仅在基地红线内形成影响，而且在更大范围上吸引周边人群聚集，使破旧的黑沙环工业大厦成为更具活力的"共享工业区"（图3-68、图3-69）。

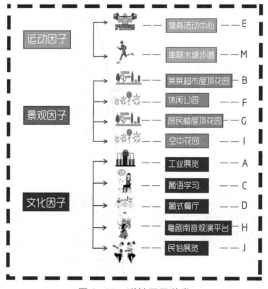

图 3-68　磁性因子种类

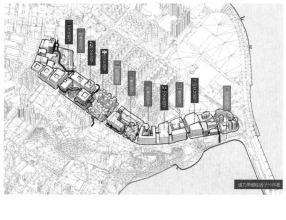

图 3-69　磁力带、磁性因子分布图

2. 磁力点

（1）新富大工业大厦

黑沙环工业大厦普遍采用马赛克瓷砖贴面，具有独特的时代风格。提取马赛克方块元素，以 4 m×4 m 的模数进行切分后，推拉错动，将中部掏空以便内部获得更好的通风采光条件，并置入核心筒和楼板，生成所需的错落有致的空间形态（图3-70）。

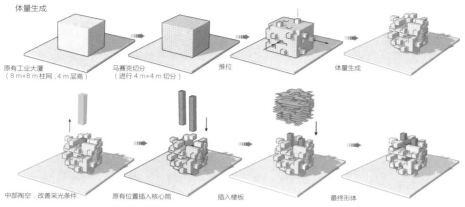

图 3-70 体量生成过程

由"磁力带"步道穿过的中间层进行上下产业分割，下部针对原有的产业进行了整合，生产、加工、仓储、运输有序进行，改变了原有混乱的功能分布；上部引入文创、5G、物联网等创新产业磁性因子，并提供多种创业公司空间模式供创业者选择，以年轻人更愿意从事的产业为导向，缓解澳门人才流失的问题（图 3-71）。

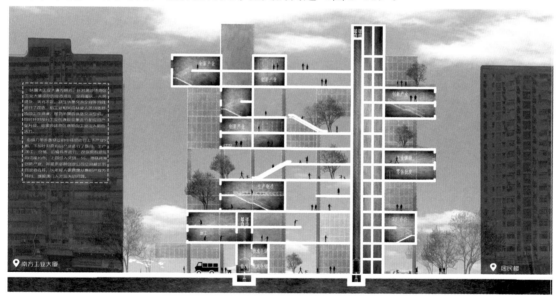

图 3-71 剖面示意图

以 4 m×4 m 为模数空间，按照功能特性不同的功能块进行组合，新兴产业相关的创业人员可按照自身需要，选择不同种类和不同数量的功能盒子，将其组合为办公空间（图 3-72）。

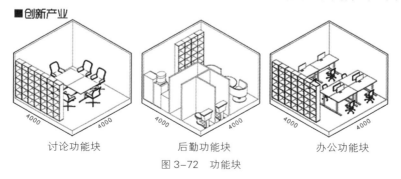

图 3-72 功能块

不同规模的新兴产业创业公司可根据自己的需求在线上及线下寻找与之匹配的创业公司进行联合办公，双方达成协定后可改造办公空间形式而形成联合办公团体，从而实现双方的互利共赢（图3-73）。

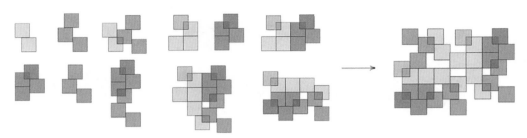

图 3-73　众创发展趋势

此外，我们对人员混杂、采光不足、缺乏休息与交流空间等问题进行了改造，给工业相关的从业人员创造舒适的工作环境，提供所需的休息、交流空间，同时针对部分工业的衰败现象进行相应的产业升级，给黑沙环地区衰败的工业注入新的活力。

（2）新飞通、泉福、南岭工业大厦

磁力点二由原来的飞通大厦、泉福工业大厦、南岭工业大厦合并改造而成。磁力点建筑位于基地内部主干道交汇处，交通便利，可达性高；从视线上连接着居民楼和螺丝山公园；在空间关系上是连接澳门旧城区与填海区的重要节点建筑。

原建筑的保留与去除：此处原来有3栋紧密连接在一起的工业建筑，设计将3栋建筑合并，保留原有建筑的柱网，去除原有建筑的立面、楼板及交通盒，通过系统的构建，结合原有柱网，形成新的建筑形态并加入新的建筑功能（图3-74）。

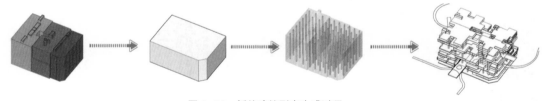

图 3-74　新的建筑形态生成过程

系统构建：根据柱网将空间以4 m×4 m模数按照功能特性分为不同的功能块，模块在数量和形态上自由组合形成模块组。模块组与模块组之间在平面上再次进行组合，每层单元的模块组之间用连廊相互连接，并赋予模块组不同的功能。多排单元层层叠加，最后与原有柱网相结合（图3-75～图3-78）。

图 3-75　网格置入　　　　　　　　　图 3-76　单元组合、互通和叠加

图 3-77　单层单元组合排布　　　　　　　　　　图 3-78　多层单元组合排布

　　建筑设计：由于磁力点建筑位于基地主要交通流线旁，为了提高人们的便利性和可达性，3、4 层外接人行天桥，与黑沙环海边马路和东北大马路相接，同时起到增强磁力点磁力的作用。为了达到增加基地磁性的目的，吸引外来游客与资金和人才，将工业大厦改造成垂直城市综合体（图 3-79）。建筑一共 14 层，功能包括地下停车场、澳门特色食品加工工厂和加工体验馆、市民活动中心、图书馆、商业广场、餐厅、休闲娱乐场馆、空中花园等（图 3-80）。

图 3-79　各层功能示意

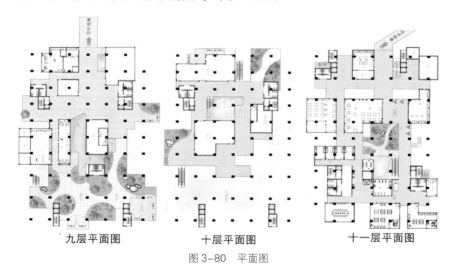

九层平面图　　　　　　　十层平面图　　　　　　十一层平面图

图 3-80　平面图

3.4.4　结语

　　老旧工业区的改造是近年来城市复兴的重要课题之一。澳门虽不是典型的工业型城市，但出口加工业作为澳门曾经的第一支柱产业，对澳门的城市发展起到了非常重要的作用。澳门的城市定位是世界遗产城市和世界休闲旅游城市，老旧工业区的改造与升级关系着城市的经济发展与面貌更新。

　　本次课题研究经过为期一周的实地调研与实践，以及设计前中期对城市和场地的分析得出问题与策略，以此引入磁耦合理论构筑磁性空间，期望本设计能真正改善黑沙环工业区的生活品质，弘扬民俗宗教与工业文化，实现多元共享的工业区氛围，真正推动黑沙环工业区的复兴。

3.5 基于屋顶空间的再生产——澳门黑沙环工业区更新设计

学生：陈子强　郑卉妍（2014级）　　指导老师：胡璟　费迎庆

澳门黑沙环工业片区是澳门大型工业区之一。在20世纪80年代，澳门制造业产值占澳门GDP的三分之一，成为第一大产业。但进入20世纪90年代以来，澳门制造业发展明显放缓，企业数量也不断减少。澳门制造业滑坡的直接原因在于澳门劳动力成本和土地成本不断上升，迫使大量密集型的轻纺企业迁往珠三角。从深层原因看，是由于澳门制造业产业升级缓慢，科技含量低，过分依赖于低成本劳动力。

如今，港珠澳大桥连接香港、珠海、澳门三地，旨在将港珠澳三地与珠三角尤其是广东自由贸易试验区进行更为紧密的经贸联系和联动发展。澳门在引进粤澳合作新模式的同时，必将引进高科技与人才，推动澳门制造业的转型与改造，澳门工业片区的发展将更上一个台阶。

3.5.1 澳门旧工业片区发展背景与目标

1. 澳门旧工业片区发展背景

澳门原有工业分散在城市填海造陆的新旧交界处，具有产业发展空间小等劣势，同时也具有区位条件优越、文化积淀深厚及空间环境可塑性强的特征。

澳门黑沙环工业片区具有以下特征：

随着粤港澳大湾区建设的不断推进，港珠澳大桥的全线贯通，黑沙环工业区迎来了一次新的发展机遇。新口岸的开通，方便了本区域与内地和香港联系，形成多地区优势互补的局面，为衰败的黑沙环片区注入了新的活力。

历史的时间轴与澳门的地理变迁以及产业发展在特定的节点上相吻合，随着时间的推移、产业的发展，当土地资源无法支撑新兴产业立足的时候，填海造陆总会适时地出现。澳门半岛有两种城市肌理，一种表现为旧城区的中心放射状，另一种表现为填海新城的矩阵棋盘状。黑沙环工业区恰巧位于城市新旧肌理交接的分界线上，对于衔接两方文脉有着非同一般的作用。它对内可辐射澳门老城区，对外可连接澳门新城建设。得天独厚的地理位置、独特的文化历史、衰败的工业现状、亟待变化的片区需求，各种因素交织在一起，成为黑沙环工业区的发展背景。

伴随产业结构的升级需求和周边居住区的增加，该地区应调整其在城市功能中的定位，从产品输出逐步向服务输出过渡，从而改变目前工业区落后的面貌，更好地服务并带动周边发展。

2. 澳门旧工业片区改造目标

黑沙环工业片区具有区位、历史文化等优势，同时也面临产业凋零、生活环境恶劣等挑战。据此，我们从产业结构的合理性、片区生活质量、综合环境质量，以及历史文化的延续等方面，对黑沙环工业片区的更新改造提出了更为具体的设计要点。

（1）整合业态，引入年轻化产业

澳门的产业结构发展到今天，工业占比早已日渐式微。现阶段城市产业结构调整以大规模发展第三产业为目标，相应带动了新的用地需求。由于此片区工业衰退，出现大量闲置空间，因此吸引了不少初创型服务业诸如媒体、教育等涌入片区内部，虽然造成混乱无序、缺乏管理引导的现状，但也不妨以此为契机，有意识引入具有活力的年轻态产业。结合片区内业态整合，促进产业结构的升级转型，带动地区经济的发展。

（2）提升片区生活质量

黑沙环工业区的改造需要对该片区域的城市功能空间进行补充和完善。无论是恢复城市的经济功能还是生态功能，都需要借助更新改造来调整城市土地利用结构、优化城市产业空间布局、加强城市绿化建设，将原先粗放的、污染的、不适应城市发展的工业置换为可持续发展的新型复合空间。同时需要协调居住、公共服务以及基础设施建设的关系，改善周边片区居住条件，提升公共服务水平，加强基础设施建设，以解决黑沙环工业区基础设施老旧、缺乏公共服务的重点问题。

（3）提升综合环境质量

黑沙环旧工业区曾经以传统制造业为主，现存工业业态中诸如钜记手信制造加工厂、机械制造加工厂等，开发模式粗放，设备条件落后，对生态环境影响大，既不利于生态环境的改善，也不利于工业文化的传承保护；另外，片区内公共空间缺乏有效的规划和管理，绿化水平落后，亟待通过城市更新创造良好的城市生态环境。

（4）保护历史文脉

工业遗存记录了澳门城市发展的历史脉络，具有珍贵的文化价值。挖掘工业遗存的历史文化底蕴，并对此进行保护利用，在赋予土地新的功能和价值的同时，保留本区域的文化记忆。

3.5.2 澳门黑沙环工业片区现状问题

1. 现状概况

澳门黑沙环工业区位于澳门半岛东北部，地势相对平坦，基地呈带状，自西北向东南走势。内部共有独栋工业大厦 25 座，居民楼 6 座，政府机关 2 处，学校 2 座。总占地面积约 21 ha。黑沙环工业区现状产业主要为工业、贸易、文创产业、建筑工程类等，业态繁多且杂糅。

现有交通路网密度较高，东西向交通主干道——慕拉士大马路、渔翁街、黑沙环海边马路，南北向干道有东北大马路、高丽亚海军上将大马路。

片区内部建筑以高层工业大厦为主，开发密度较大，建筑形式多样，立面装饰损毁严重，内部环境较脏乱。

2. 主要问题

（1）业态混杂，活力不足

澳门工业以加工制造业为主，对外依赖性较强，易受外部经济大环境影响，自 20 世纪 90 年代开始逐步出现下滑趋势。原本工业大厦内制造业工厂、货物仓库和贸易公司是主要使用方式。现在，工业大厦内空置率高，又因为租金便宜，缺乏管理和相关法规的约束，各类产业都可随意使用，业态混杂使得每个产业都不成体系，不安全因素加大，培育力下降，阻碍了真正有潜力的公司进驻。

（2）外来劳工生存环境恶劣

近年，内地工人成为澳门劳动力市场的主体，他们为澳门的经济发展和城市建设做出了不可替代的贡献。因为澳门过高的房价和缺少社会保障措施，这些工人每日奔波于珠澳两地，无处安居。每当赶工时，就用帐篷、折叠床等临时设施蜗居在工厂（图3-81、图3-82）。

他们没有时间体会澳门的中西合璧文化和享受独特城市风景，生活质量低下。

图3-81　工人居住环境

（3）生态链断裂

由于澳门土地资源的紧缺，在发展过程中进行了大规模的填海造陆（图3-83）。在此过程中对于黑沙环工业片区周边的螺丝山、望厦山进行了开山取土，先前连续的绿化资源在城市建设的过程中被分割成碎片而散落分布，造成了片区周边的绿化景观破碎，导致生态链断裂。

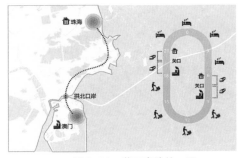

图3-82　劳工奔波的一天

图3-83　填海前后绿化情况

3.5.3　澳门黑沙环工业片区更新改造策略

作为澳门最大并且历史最悠久的工业区，我们认为，通过对现有业态整合、产业升级等手段，此区域仍旧具有以工业为主产业并持续发展的潜力。基于调研和深入了解，我们认为澳门劳工生存环境问题，以及片区内部生态环境和公共空间问题较为突出，因此，试图通过空间再生产的方式探索尝试。由于澳门空间有限，所以经过一系列验证最终确定在屋顶置入各类空间的方式，试图提升劳工的生活品质、重建片区的生态环境、提升片区的公共空间品质、增强片区的活力与竞争力（图3-84）。

1. 片区业态的整合（图3-85）

整体策略上保留工业大厦内的工厂、贸易公司与货物仓库，重新整合其他产业，作为活力资源吸引人流。

在黑沙环工业片区混杂的环境下，统一整合的难度较大。因此在本次更新改造设计中，引用榕树自然生长的特征，在该片区选取特定的建筑作为"树干"，通过植入顶部空中空间模

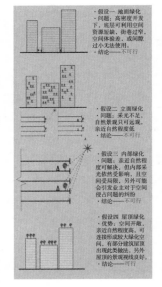

图3-84　设计方法验证过程

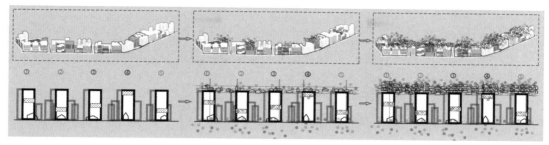

图 3-85　屋顶空间设计

拟树冠。以特定建筑为起点开始生长，在生长过程中逐渐长出气生根，从而影响整个片区，使得片区不断自我整合，不断壮大（图 3-86）。

　　综合现有产业情况与澳门产业发展态势考虑，片区内部划分为五个部分，分别是工业、社区配套、文体娱乐、创意办公以及教育培训。每个部分选定一个特定建筑，分别将其改造为黑沙环工业区历史博览中心、社区康乐中心、社区图书馆、创业孵化基地以及教育管理中心等（图 3-87）。

①在某片区内选取一个建筑作为标志，通过营造前广场强调建筑入口。

②进行中层改造置换标志建筑最高层的功能，并置入垂直交通体。

③以标志建筑为置点做放射状道路，连接标志建筑与其他建筑。

④建立连通片区各屋顶空间的道路网络，引导人流通往屋顶社区的各个地方。

⑤在空中道路网基础上放置小盒子，置入多种功能。

⑥盒子在自然生长过程中逐渐扩散，数量越来越多，影响标志建筑附近建筑的内部。

图 3-86　更新设计过程

工业主题
该片区原本产业多为制造业与贸易。入口建筑为制造业最多的建筑，因此选定此建筑为工业主题片区的标志。

中层改造
把入口建筑的 15 层改造成为澳门黑沙环工业区历史博览和工人的临时休息室。

社区入口 1

社区配套主题
该片区多为住宅、超市，入口建筑为存有少量制造业并空置率较高的建筑，因此选定此建筑为社区配套主题片区的标志。

中层改造
把入口建筑的 13~15 层改造成为社区康乐中心。

社区入口 2

文体娱乐主题
该片区多为工业建筑，但已经有许多文化产业的出现，例如舞蹈社、乐队排练室和画室等。入口建筑为多层建筑，其立面极有特色，因此选定此建筑为文体娱乐主题片区的标志。

中层改造
把入口建筑的 5、6 层改造为社区图书馆。

社区入口 3

创意办公主题
该片区多为工业建筑，但有很多单位在此办公，办公环境恶劣。因此选定此建筑为创意办公主题片区的标志。

中层改造
把入口建筑的 17 层改造成为创业孵化基地。

社区入口 4

教育培训主题
该片区分散着学校、住宅及少数工业建筑，且环境安静、交通便利。因此选定此建筑为教育培训主题片区的标志。

中层改造
把入口建筑的 17~18 层改造成为教育管理基地。

社区入口 5

图 3-87　分区改造

2. 劳工生活品质的改善

本次更新改造设计提出利用顶部空间打造屋顶工人社区的思路，旨在改善工人的居住环境，减轻工人的经济负担，丰富工人的业余生活，提升工人的社会地位，并为工人的家庭团聚提供机会。

设计中倡导屋顶工人社区自给自足、自然共生、有序自治。依据片区内部现状和问题，赋予社区以社区服务、文体娱乐、教育培训、创意办公、社区居住五个主题，用以满足工人社区居民日常生活所需（图 3-88 ～图 3-90）。

3. 生态环境的提升

重建生态，增加绿色植物，为片区创造绿色景观。建造更多公共活动场地，供片区居民使用，并建设舒适宜人的步行系统。通过屋顶工人社区的建设，创造更多的共享绿化，弥补黑沙环工业片区缺少自然绿化、缺少公共活动空间等缺陷（图 3-91、图 3-92）。

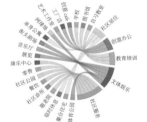

图 3-88　赋予社区业态五个主题

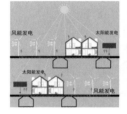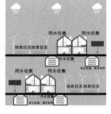

图 3-89　电力、水源供应设计

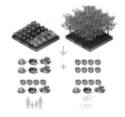

图 3-90　家庭农园设计

图 3-91　改造方案效果一

图 3-92　改造方案效果二

3.5.4 结语

本次城市设计基地位于澳门黑沙环工业区，针对当前片区所存在的系列问题，诸如缺乏生态景观与公共空间、工人生存环境恶劣、业态复杂交错等问题，并综合考虑澳门城市的高密度开发现状，我们提出了"基于屋顶空间再生产的榕树社区"更新设计概念。通过引入榕树的生长模式，建立"榕树模型"，对屋顶空间进行再利用，自下而上引入不同人流，自上而下渗透空间类型；建立工人社区机制，营造丰富的业余生活，倡导自给自足的生活模式；对片区旧建筑作点状改造，做到在更新的大方向下有序引导，在具体实施上采用个性独特的自主模式。

"城市更新"从来都不是建筑师、规划师的独角戏，它必须是建立在政府、规划者、民众三方共同参与，并且对美好生活充满向往的基础上的一项工作。

3.6 基于功能置换下的空间补给——澳门黑沙环工业区更新设计

学生：雷炜杰 陈艳（2014级） 指导老师：胡璟 费迎庆

3.6.1 项目背景

1. 澳门特别行政区及工业发展现状

根据城市形态分布的差异、功能分工及其集中连片程度，澳门可以分为商业住宅区、居住区、工业区、机关学校区、港口运输区和旅游区等几个不同性质的地区。

商业住宅区：大致可分为新、老两个部分。小型商业网点则散布于全行政区各个角落，老商业住宅区分布在南部，以新马路和十月初五街为中心，包括火船头路、康公庙前地、草堆街、营地街及湾平街一带，是澳门最繁华、人口最稠密的地区。

工业区：工业主要分布在西部和东北部。1984年调查显示，全市有64%以上的工业场所分布在花王堂堂区和花地玛堂区（分别占42%和22%）。

西工业区：属于传统工业区，包括林茂塘、筷子基、青洲三个部分，是造船、火柴加工、粮油食品加工、酿酒、肥皂生产、造纸、机器制造、水厂等传统工业分布地区，工业企业规模小、工艺和设备均较落后，有待于更新设备与厂房。

北工业区：只有电厂等几间为数不多的工厂，20世纪60年代澳门兴起的纺织、成衣、塑胶、玩具电子、皮革等出口加工业大都集中于此，有数以百幢的工业大厦。

离岛工业不多，只占全澳门工业场所的2%，工业区尚未成型。但离岛的工厂规模较大，如氹仔爆竹厂、九澳电厂和水泥厂，都属污染性工业。此前，政府有计划将工厂引向离岛，但因交通和生活设施不方便等问题而收效不大。

2. 政策背景

在2011年年初，政府推出了"工厦活化"政策的试运行："为配合落实特区政府促进房地产市场可持续发展的六大方向政策，增加中、小型住宅单位的供应，凡符合此要求的申请项目可获优先处理。"

但实际申请数量和成功活化的大厦并不多，究其失败原因有如下几点：①政府推出的"工厦活化"措施将绝大多数住宅单位的面积限定在60 m²以下，与市场需求不符；②推出的"工厦活化"措施内容过于单一，只能改造成住宅单位；③政府只进行鼓励性的豁免，并没有行之有效的根本政策支持。若无法对"改变工厦用途需100%业权人同意后方可实行"这一条文约束进行突破，基本难以实现。

综上，最终申请数量和成功活化的大厦并不多，反而因"受惠"于政府"活化工厦"及相关豁免政策，导致工厦租金翻了四倍，并没有达到政府预期的效果，反而远离了预期目标。因此"工厦活化改造"也成为澳门政府的一个难题。

3.6.2 基地概况

1. 地理位置

黑沙环工业区位于澳门半岛东北部的渔翁街，是澳门主要的工业区之一。黑沙环地区原来是一个海湾，1960年以后按照当时的规划，以澳门发电厂为中心，发展成为一个具有相当规模的工业区。黑沙环中部黑沙环海边马路与劳动节大马路之间是20世纪80年代后期的填海区，大部分区域建有高层商住大厦。

2. 环境概况（图3-93）

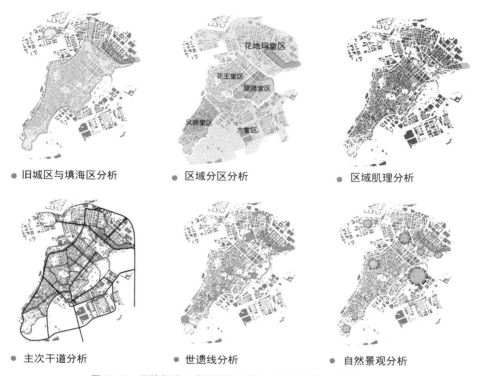

● 旧城区与填海区分析　　● 区域分区分析　　● 区域肌理分析

● 主次干道分析　　● 世遗线分析　　● 自然景观分析

图3-93　环境概况（底图来源：澳门公务局提供，作者整理）

基地位于澳门半岛花地玛堂区填海区，面积为154 764m²，形状为长条形。基地属于澳门有历史底蕴的工业区，澳门世遗轴线经过且横穿整个基地内部。基地周边可供人活动的绿化场地不多，周边自然景观丰富，有螺丝山公园、望夏山公园以及东望洋山等。

基地内只有一条城市主干道，其余为城市次级干道与城市支路，上接居住区，下接老城区，相比于旅游景点属于人流量较少的地区；学校和巴士站相对较多；整体道路系统拥挤，容易造成交通堵塞。

整个基地的沿街立面依旧保留着旧有的工业大厦的气息，单一重复的立面使得建筑有着机械化的感觉。基地建筑整体风貌一般，居民楼没有特色且拥挤，工业建筑比较破旧，天际线起伏平缓，但建筑单体的形体各具特色，立面以横向线条为主（图3-94）。

图3-94　沿街立面

3.6.3 方案生成

1. 发现问题及解决办法（图 3-95）
2. 概念提出

为解决基地内部建筑界面封闭、景观缺乏、底层商业衰败等一系列问题，我们提出共享活力 Box 概念。以共享活力 Box 为载体，携带各种不同种类的空间，如：单一共享功能空间、复合共享功能空间、大型主题共享空间等，进行片区内部的功能置换和空间补给。

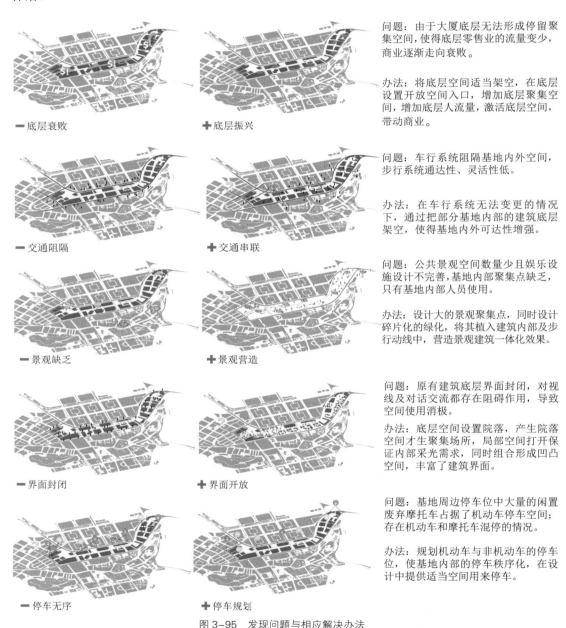

问题：由于大厦底层无法形成停留聚集空间，使得底层零售业的流量变少，商业逐渐走向衰败。

办法：将底层空间适当架空，在底层设置开放空间入口，增加底层聚集空间，增加底层人流量，激活底层空间，带动商业。

问题：车行系统阻隔基地内外空间，步行系统通达性、灵活性低。

办法：在车行系统无法变更的情况下，通过把部分基地内部的建筑底层架空，使得基地内外可达性增强。

问题：公共景观空间数量少且娱乐设施设计不完善，基地内部聚集点缺乏，只有基地内部人员使用。

办法：设计大的景观聚集点，同时设计碎片化的绿化，将其植入建筑内部及步行动线中，营造景观建筑一体化效果。

问题：原有建筑底层界面封闭，对视线及对话交流都存在阻碍作用，导致空间使用消极。

办法：底层空间设置院落，产生院落空间才生聚集场所，局部空间打开保证内部采光需求，同时组合形成凹凸空间，丰富了建筑界面。

问题：基地周边停车位中大量的闲置废弃摩托车占据了机动车停车空间；存在机动车和摩托车混停的情况。

办法：规划机动车与非机动车的停车位，使基地内部的停车秩序化，在设计中提供适当空间用来停车。

－底层衰败　　　　＋底层振兴
－交通阻隔　　　　＋交通串联
－景观缺乏　　　　＋景观营造
－界面封闭　　　　＋界面开放
－停车无序　　　　＋停车规划

图 3-95　发现问题与相应解决办法

根据人的心理感受从近地空间和非近地空间两层体系来操作。在非近地空间设计中按照功能分区，内置入不同体量的带有主题功能的盒子。它的尺度大，是复合功能的发生容器，内部有公共交通体。

我们根据现有产业布局，并结合基地周边资源分布，通过资源整合，将基地规划为五个主题区（图3-96），采取小体块模式对地面空间进行功能置换。例如在社区主题区内设置社区图书馆、社区服务站等；在工业主题区设置开放展览、开放车间等；在文创园主题区设置创意工坊；在办公主题区设置创客共享办公、共享休闲中心等；在教育园区置入补习中心、家教兴趣中心等一系列活力共享模块。使得基地内部形成一个集多种功能于一体的综合园区（图3-97～3-99）。

功能置换后原有的街道界面发生改变，建筑底层形成丰富的街道空间，打造成一条横向串联基地的步行景观体系。该体系在经过底层空间时形成有趣的步行动线，它与内部的动线相结合，并通过自动扶梯、电梯等竖向交通体系实现从水平到垂直的流线变动。在建筑与建筑之间的二、三层设置水平的空中步道将其连接贯通，实现整个片区的综合。

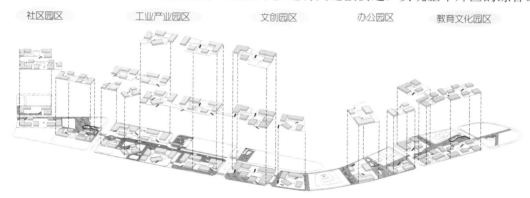

图 3-96　五个主题区

图 3-97　拓扑此网络以契合基地布局并置换原有设施

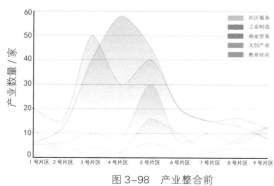

图 3-98　产业整合前
（数据来源：根据现场实地调查统计分析）

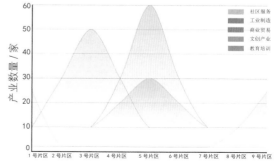

图 3-99　产业整合后
（数据来源：根据现场实地调查统计分析）

3.6.4 具体操作

1. 近地层空间设计

首先，选取三层以下的局部空间，将其内部拆除后，再置入小体块。最后，功能盒间相互连接，形成底层空间的扩散式开放格局。

不同区域对应不同功能的置换和填补，以加强区域的特色，从而达到吸引游客、激活底层商业、增强社区补给等多种不同目的（图3-100）。

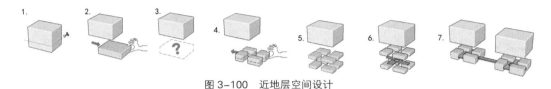

图 3-100　近地层空间设计

（1）社区主题园区的目的是填补周边居住区缺少的社区空间和设施设备，例如：开放菜园、健身场地、休闲活动场地等，为周边居住区内的老人、孩子提供活舒适的活动场地。

（2）工业产业主题园区内设置开放车间、展览空间、手工工坊、工厂摄影场地等，目的是为了吸引游客与周边居民置身其中了解澳门的工业特色以及发展历程，为工厂提供产品销售及宣传，为澳门传统工业提供继续发展的途径。

（3）文创主题园区内部设置各种展览空间、社区影院、咖啡厅、地形体验场地等。目的是为周边居民以及游客提供多种文创类的活动，带来更多的娱乐活动空间和休闲去处。此举既可激活废弃工厦，也能为澳门带来更多创业机会和就业岗位，更丰富了周边的文化娱乐生活。

（4）办公主题园区内设置联合活动区域，如：公共厨房、共享客厅、共享图书馆等，为周边上班族提供一个休闲去处，方便他们中午以及下午茶时间段的活动开展。

（5）因为基地毗邻居民区，周边教育资源丰富，因此我们增设了各种补习班、兴趣班、素质拓展、亲子蛋糕作坊等空间，拓展学生放学后的娱乐玩耍空间，同时也增加多元学习方式。

2. 非近地层空间设计（图3-101）

我们根据环境以及内部产业整合后的分布状况，在片区内选取某几幢工业大厦进行中间层改造设计。

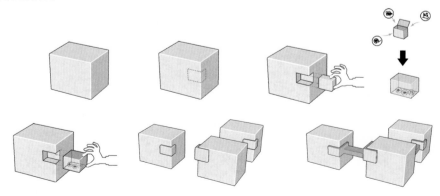

图 3-101　非近地层空间设计模式

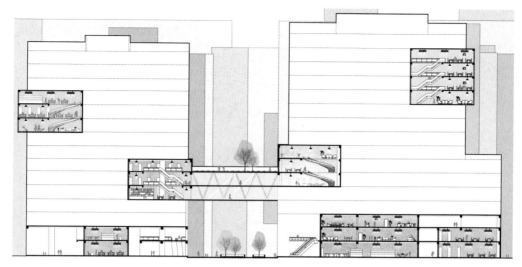

图 3-102　改造设计

　　延续前述手法，拆除某部分空间，植入新的活力 Box。这种 Box 相对于近地空间中的小 Box 而言，它的尺度更大，功能更加复合。每个盒子的内部都有较大尺度的公共交通体。这一公共交通体不只解决盒子内部交通问题，也是某种活动发生器，例如：可用作图书馆内的阅读空间、展览厅内部的特殊性陈列空间、多功能厅内的孩童空间等（图 3-102）。

　　采用交通体搭配弹性共享大厅的组合可创造多种多样的空间类型，进而可以产生多种多样的活动行为。用活力盒解决非近地层的改造问题，可在有限的空间内创造多种可能，而且便于施工改造。不同 Box 间以空中廊道相连，进而与近地层空间相通，最终摆脱高楼层的限制，使得非近地层空间也能达到像近地层空间一样的活力。

3. 设计过程（图 3-103）

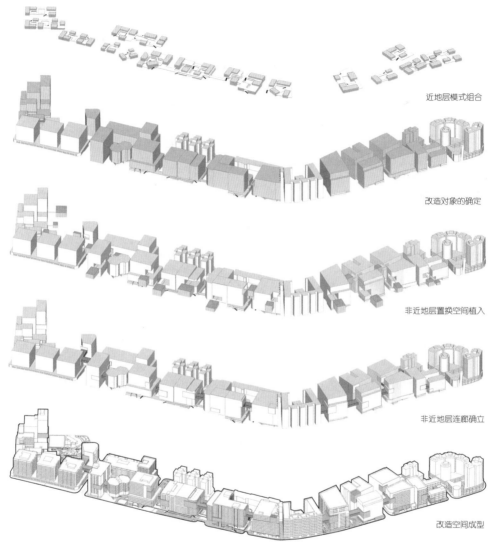

近地层模式组合

改造对象的确定

非近地层置换空间植入

非近地层连廊确立

改造空间成型

图 3-103　设计过程

3.6.5　结语

黑沙环工业区记载着澳门工业的发展历程，曾经的繁荣随时间逐渐衰落，渐渐被废弃空置的工业大厦面临着被拆除的局面。虽然工业大厦有着建筑老化的问题，但它充满人文情怀，更是保留着澳门工业的文化底蕴与当年的精神风貌。通过适度更新改造，改变现今消极的空间；从使用者的角度出发，创造出更多人性化的空间，填补社区缺失；通过绿化设计与开放底层建筑界面，增强工业大厦与周边居民的关系；并逐步激活整片区域。

3.7 "工业复兴"——澳门黑沙环片区城市更新

学生：陈楚月　李泓逸（2015级）　　　指导老师：费迎庆　胡璟

3.7.1 澳门发展内外优势

1. 物质文化遗产

澳门历史城区是昔日以葡萄牙人为主的外国人居住的旧城区的核心部分，主要街道和众多"前地"把澳门的重要历史建筑物连成一片。这个大范围内的建筑群风格统一，呈现着海港城市和传统中葡聚居地的典型特色。澳门历史城区保存了澳门四百多年中西文化交流的历史精髓。它是中国现存年代最远、规模最大、保存最完整和最集中的，以西式建筑为主、中西式建筑相互辉映的历史城区；是西方宗教文化在中国和远东地区传播的重要见证；更是四百多年来中西文化交流互补、多元共存的结晶。

2. 非物质文化遗产

澳门作为文化共融之地，不同的民风习俗异彩纷呈。四百多年来东西文化在这里交融，造就了澳门特有文化景观的同时，也形成了澳门珍贵的"非物质文化遗产"。现时，列入非物质文化遗产清单的项目共有15个，包括粤剧、凉茶配制、木雕－神像雕刻、道教科仪音乐、南音说唱、鱼行醉龙节、妈祖信俗、哪吒信俗、土生葡人美食烹饪技艺、土生土语话剧、土地信俗、朱大仙信俗、搭棚工艺、苦难善耶稣圣像出游和花地玛圣母圣像出游（图3-104）。

| 粤剧表演 | 葡人美食烹饪 | 龙船头长寿饭 | 舞醉龙醒狮表演 | 澳门拉丁大巡游 |
| 妈祖信俗 | 神像雕刻 | 南音说唱 | 土生土语话剧 | 凉茶 |

图3-104　澳门非物质文化遗产

3.7.2 澳门工业发展

早在300多年前，澳门的铸造业和帆船制造业就颇负盛名，这是澳门工业的第一个鼎盛时期。战事纷乱的时期，作为重要的港口，澳门承担起了帆船制造的重任，造船这门手艺也保留至今，成为澳门的非物质文化遗产之一。在近100多年间，受宗教的影响，神香、爆竹、火柴等手工业因地制宜地发展起来，产品远销东南亚及欧美各国，曾经一度成为澳门的主体工业，这便是澳门工业的第二个鼎盛时期。但手工业的规模总有所限制，人们在不断寻求新的突破。此时的手工业已有了工业雏形，为后来的第三个工业鼎盛时期奠定基础。

1930 年左右，澳门开始出现纺织工业，属于家庭式经营，这是澳门纺织工业发展的雏形。1950 年代中期，不少工厂开始采用半机械化的生产方式。1950—1960 年，毛织业由家庭式发展到工厂化，部分制衣厂换上电动缝纫机；塑胶、电子、玩具、人造花、建筑材料等新工业开始兴起。澳门工业自 1976 年之后一直处于蓬勃发展状态，这便是澳门工业的第三个鼎盛时期。特别是 1979 年和 1980 年，大量内地新移民涌入澳门，为澳门工业提供了廉价劳动力，带动了澳门整体经济的繁荣。

进入 20 世纪 90 年代后，澳门工业的增长速度逐渐下降，甚至出现连年负增长。在澳门本地生产总值中，工业的比重也明显下降，目前已退居旅游博彩业之后，降至生产总值的 20% 左右。工业已不再是澳门最大的支柱产业，澳门工业迅速衰弱。由于澳门旅游业和地产业的快速发展，使澳门工资上涨，澳门工业进入了由劳动密集型向高科技产业发展的转型时期。政府支持在本地发展技术含量高、产值高的高科技、新技术、高产值工业，寻求工业突破（图 3-105、图 3-106）。

图 3-105　澳门发展机遇　　　　　　　　　　图 3-106　产业转型思考

综上，澳门工业主要经历过三个鼎盛时期，分别是造船业、手工业与轻工业（图 3-107）。每一个时期都为澳门的经济带来了巨大的发展，从手工到机械生产的转变也反映了澳门工业的发展潜力。当下，澳门的工业尽管已经进入了发展滞待期，但未来仍可以期待，如今的澳门工业在吸收了前三个鼎盛时期的经验后，或许能够发展出更成熟且有前景的模式，我们期待这种新的模式如同"文艺复兴"一般能够让澳门已经衰败的工业重焕生机，形成一波"工业复兴"浪潮，为澳门带来新的机遇（图 3-108）。

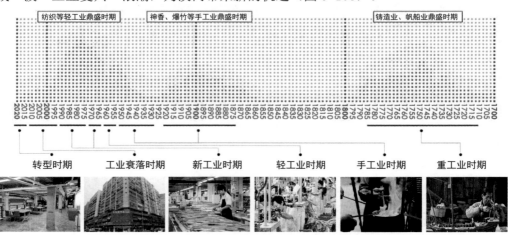

图 3-107　澳门工业发展历程

图 3-108　三个工业鼎盛时期与"工业复兴"时期（图片来源：作者自绘）

3.7.3　黑沙环片区工业现状

在 20 世纪七八十年代，工业是带动城市发展的核心产业，工业大厦也建造得宏大、气派。但澳门黑沙环片区现存的工业大厦中，80% 都呈现出破旧、混乱的状态。这些大厦大多已有 50 年左右的历史，常年的风吹雨打以及周边工业垃圾的堆积，使得建筑外立面产生许多乌黑的痕迹，外墙的马赛克瓷砖也有不同程度地脱落。大厦内部更是人员混杂，整个工业大厦呈现出非常消极与不安全的状态。

我们统计了工业大厦现有的业态状况（图 3-109），发现工业大厦片区正在自我转型中：如今有许多新的产业入驻并且占比不少。其中比较突出的是贸易业，这是因为工业大厦的租金便宜，贸易公司租下大厦的某一层，改造为办公室使用，性价比很高。制造业依旧存在，又以成衣制造业为多数。许多新型的活力产业如文化创意业、信息技术业、工程业等也有出现。工业大厦的产业更新状况比我们想象得要成熟一些，这也是工业大厦发展的有利因素（图 3-110）。

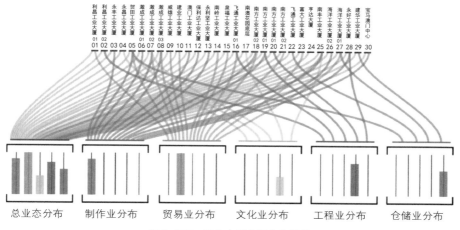

图 3-109　工业大厦业态分布状况

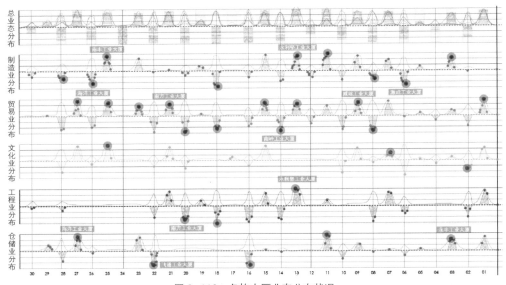

图 3-110　各栋大厦业态分布状况

3.7.4　黑沙环片区环境现状

黑沙环片区位于新旧城区填海交汇处，基地内部的肌理符合现代城市特征，建筑形态规整有序，建筑体量大，并且沿轴线分布。

黑沙环是澳门新移民的聚居区，新移民也是澳门劳动密集型工业的主要劳动力。片区周围工厂厂房与居民住宅、商业店铺等混合交错。工业大厦是附近居民区的生活资源来源地。

从交通关系上看黑沙环片区也是多条重要路线的汇集点，它与拱北口岸、世遗片区、娱乐场、澳门新城区等的距离都在 2 km 以内。该区域交通便利，地理资源非常优越。但是，片区内货车来往频繁，导致交通紧张，常常出现人车混行的状态；由于该片区与居民区距离非常近，道路安全问题也很严峻。

基地南部的水塘是澳门半岛最大的城市景观之一，自然资源丰富。但水塘与居民区相隔较远，可达性低，并不能成为人们日常活动的场所。而那些散落在居民区的休闲活动场所，因规模小并且邻近繁忙道路，品质欠缺。整体来说，片区内外公共活动场地在数量和质量上都有待提高（图 3-111）。

图 3-111　黑沙环片区环境现状

3.7.5 黑沙环活力点分析

黑沙环工业区紧邻着住宅区，人口密集，服务人群多样化，我们结合历史、文化、环境、人群，分析得出在其内部及周边存在以下活力点（图3-112）：

（1）螺丝山公园：螺丝山位于马交石山和望厦山之间，风景优美，有着欧洲古典园林的风格。其特色在于整座公园形似一颗巨型螺丝，公园中有一小径依山势回旋而上并直抵丘顶。此公园是人们常去的休闲锻炼场所。

（2）慕拉士发电厂：澳门第一批发电厂，现已拆除，它对于此片区的发展有着重要的历史意义。

（3）天后庙：一座小型庙宇，位于渔翁街尾部，不动产登记类别为纪念物。始建于1865年，于1987年重修。主殿供奉天后，由石室和亭子组成，平常香火旺盛。

（4）马交石炮台：该炮台位于澳门半岛的马交石山山顶，有大炮一尊，与望厦炮台建造时期相近，为辅助望厦炮台的防御功能而修建，有着一定的历史意义。

（5）发夹弯：一年一度的澳门格兰披治大赛车的赛道途经黑沙环的渔翁街尾部，东望洋跑道著名的发夹弯和渔翁弯便在此处，是观赛的好地方。

（6）水塘：澳门贮水量最大的水塘，景观条件良好，周边有许多健身运动设施和休闲设施，附近的居民会来这边跑步和运动。

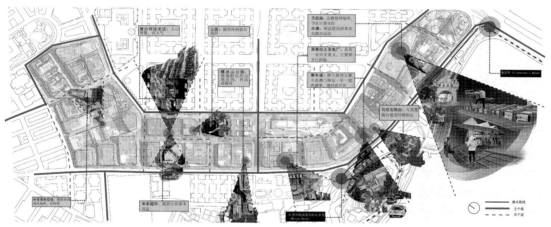

图3-112　基地周边活力点分析图

3.7.6 黑沙环存在问题总结

综上所述，黑沙环地区的工业特色不明显，产业与居民生活并没有太大关联，大部分人对其了解甚微。

工业大厦外立面老旧，内部空间压抑阴暗，治安不佳。在工业大厦底层，因为经常有运送货物的货车通过，尾气污染比较严重，对居民的生活影响较大（图3-113）。

建筑物太过密集，导致居民缺少户外公共活动空间和集会空间。水塘公园为黑沙环的居民提供了一定的休闲空间，但是因为距离较远，交通不便，居民迫切希望获得更多的户外活动空间。

此外，一些短期务工工人为减少费用开支，临时蜗居在工业大厦的紧急避难层，不仅生活条件恶劣，也给大厦安全造成隐患。

图 3-113　黑沙环地区存在问题

3.7.7　工业复兴策略

1. 概念提出

保留黑沙环地区的工业特质，对旧产业进行重整，打造人们可以参与进来的新型工业区。挖掘大厦内部新的活力元素，对大厦功能进行完善。通过嵌入户外活动空间和连廊，来缓解路面交通压力，增强建筑间连贯性。在建筑立面上增加窗口，对其中的活动进行展示，吸引人群进入大厦中。人与货车分流，大厦的底端改造成城市广场，置入绿化和休闲娱乐空间（图 3-114）。

图 3-114　工业复兴概念的提出

2. 发展评估

随着粤港澳合作不断深化，粤港澳大湾区经济实力、区域竞争力显著增强，已经具备建成国际一流湾区和世界级城市群的基础。从经济发展的角度，相比于产品体系成熟的青州跨境工业区，黑沙环旧工业区呈现出保守、落后、疲软的状况，但是这里地理区位优越，历史价值突出，再加上有政策的支持，有一定发展潜力。更新转型成功后，也可为澳门带来较高的综合效益和经济回报。

从旅游发展角度看，它处于澳门北端新旧城区交界处，接近港珠澳大桥，可以带来更多游客。且靠近东海岸、资源丰富，可对澳门旧城区世遗路线进行补充、延伸（图3-115）。

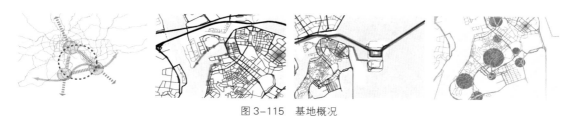

图 3-115 基地概况

3. 空间操作

对大厦底端进行架空处理，开放底层空间，形成绿地和城市广场，人们可以自由穿越底层空间，在其中停留休憩。

对于工业大厦内部，采取中间掏空的形式，形成中庭空间，阳光可以从中庭洒下，带入新鲜空气。在中庭加入供游客参观和参与的"工业盒"和"商业盒"，工业活动开放并展现给游客和居民，服务周边住区，为片区带来活力。

外立面增加城市景观窗口，让人们可以在外面看到其中的活动，从而吸引人群走入大厦内部（图3-116）。

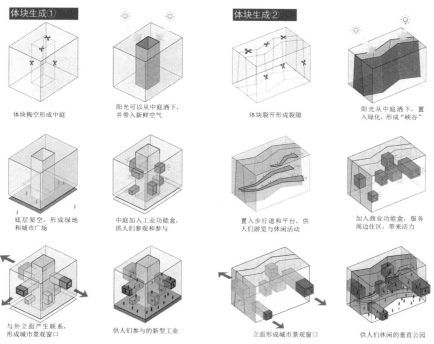

图 3-116 体块生成

4. 业态更新

将原来的居民区和工业区相对分离的状态，转变为人们可以走入并了解工业大厦产业的互动模式。在其中加入工业主题公园、小型胶囊旅社、体验馆、展览馆、图书馆、青年活动中心等新功能，使居民、游客和工业大厦的关系更加密切（图3-117）。

对于原来的产业，我们也进行了调整。制造业是黑沙环地区最先发展起来的产业，但是当前

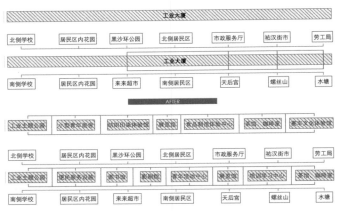

图 3-117　功能更新

活力较低，无法带动整个产业的发展；基地内汽修业也较发达，但是工作环境较差，不利于提升黑沙环的面貌；新媒体是近年兴起的有活力的产业，吸引着大批年轻力量的加入，但为了追求便宜的租金，大部分大厦被简单地改造成了办公室。通过增加工业的可体验性等改善工作环境，发展新型创意产业，可以大力提升艺术品位，增加活力，促进黑沙环旅游业的发展（图3-118）。

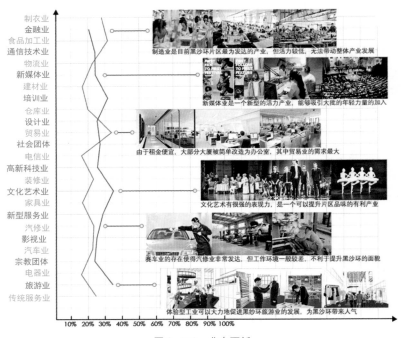

图 3-118　业态更新

3.7.8　环境更新策略

通过分析基地周边景观和文化节点，我们提取了其中的绿化节点，例如螺丝山公园、马交石炮台、黑沙环公园、水塘等。根据这些绿化节点与基地的距离及影响力，我们将他们进行串联，再在网络中置入空间节点（图3-119）。

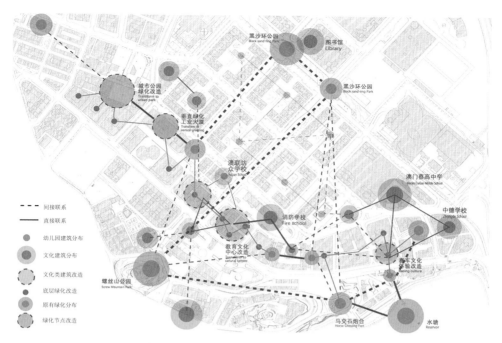

图 3-119 绿化节点与文化节点关系气泡图

1. 绿化节点一：工业主题公园（图 3-120、图 3-121）

工业主题公园位于工业片区的东北部，这里原本是废弃的停车场，有充足的空地资源，有着被开发为公共休闲场所的潜力。人们可以通过工业大厦的"缝隙"来到工业主题公园，工业主题公园的设计借鉴了澳门发电厂的元素，结合了场地内的工业设施，呼应了黑沙环特有的工业文化氛围。

坡地为公园的主要地形元素，有利于创造起伏的行走体验。在工业设施之间生成一条空中步道，人们可以近距离接触工业设施，各个不同的设施有着不同的主题，分别有健身房、咖啡厅、游泳馆、阅览室等空间，充分满足居民的休闲生活需求。同时种植大量的树木，形成黑沙环片区的又一绿色节点。

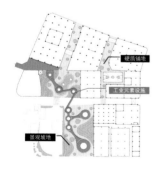

图 13-120 "工业主题公园"平面图

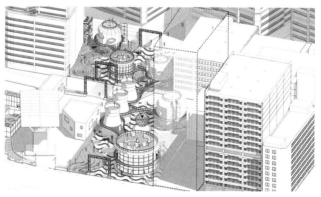

图 13-121 "工业主题公园"轴测图

2. 绿化节点二：垂直绿廊

垂直绿廊位于一栋工业大厦中，介于小型绿地公园与工业主题公园之间，一条绿色的狭缝将两个绿色节点衔接起来，形成一条连续的绿带，同时也能缓解工业大厦敦实的体量对周边环境的压迫。人们行走在绿廊中时，被两侧的垂直绿化围绕着，如同行走于森林之中。不同于工业大厦破旧无趣的外立面，绿廊里充满着新的活力。绿廊中一共有五个层次的廊道，人们在不同的楼层行走时都有丰富有趣的视觉体验，绿廊同时也可以成为人们社交的场所，有助于加强人与人之间的关系。同时在绿廊的两侧适当地置入小型商业以及一些基础设施，满足人们的日常需求，让这里不仅成为一条绿色的通道，更是人们可以停留休息的场所（图3-122、图3-123）。

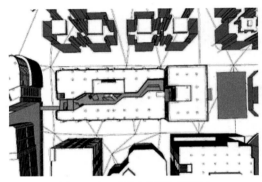

图3-122　"垂直绿廊"俯视图

图3-123　"垂直绿廊"轴测图

3. 绿化节点三：景观步道

在靠近水塘、马交石炮台部分设立景观步道，步道从工业大厦中延伸出来，与对面的居民区以及马交石炮台进行连接，并一直延伸到大小水塘，形成连续的步行体系，人们可以不用穿越马路，就可以到马交石炮台历史遗迹中游览与休闲。

在景观步道上，除了设置了商业活动点和小摊贩，还有休闲平台。每年11月澳门举办格兰披治大赛时，这些休闲平台就转变为观赛区（图3-124、图3-125）。

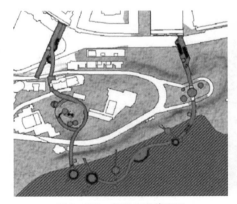

图3-124　景观步道俯视图

图3-125　景观步道轴测图

3.7.9 单体建筑更新策略（图3-126）

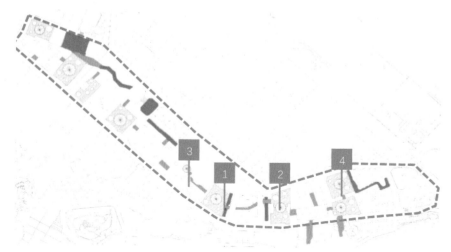

图3-126 更新建筑分布位置

1. 纺织印染主题空间

澳门纺织服装业诞生于20世纪30年代，1970年代迅速发展，而后衰落。近年来，澳门工业的生产成本上升，劳动力缺乏，纺织成衣产品的竞争力每况愈下。这些小型成衣制造厂正在努力寻找合并、收购之策，以摆脱被淘汰的命运（图3-127）。

澳门印染工业有近40年历史，提供漂染印花服务成为澳门纺织制衣的特色。大量的布料及纱线经过漂染及印花的工序后，用来缝制成衣及加工成纺织品。澳门现代化印花机厂凭借过硬的技术和优质的服务得以迅速发展壮大，构筑出制衣业的缤纷世界。

纺织与印染都是澳门工业的代表之一，我们希望它的工业价值能够继续存留在工业大厦中，同时

图3-127 工业与人的关系

寻求新的突破。采用体验型工业模式，体验过程包括：从棉花的种植到布料纺织、印染，最后成型，以此吸引市民、游客参与，激发工业大厦的活力（图3-128～3-130）。

图3-128 原材料种植

图3-129 原材料采摘

图3-130 织线成布

2. 食品制造主题空间

食品工业一般采用农副产品为原料，通过物理加工或利用酵母发酵的方法制作的模式，包括：粮食加工业，植物油加工业，糕点、糖果制造业，制糖业、屠宰及肉类加工等。澳门的食品业也独具一格，其中葡式蛋挞和粤式糕点是点心类代表，两者虽然只是平常的面粉类制品，但因其悠久的传承、古早的味道、良好的口碑、出色的营销，成为澳门旅游的招牌之一（图3-131）。

黑沙环片区内的大厦里有很多食品加工厂和仓库。澳门食品业的领头企业"钜记手信"的工厂也在此处。每每走在黑沙环的街头，总能闻到点心的香味。我们希望将这种特殊的体验反映在垂直空间上，人们不仅能够跟随香味

图3-131　食品产业

不断垂直向上体验，也能够自己动手去制作美食。改造后的整个大厦呈现出一种垂直街市的感觉，我们将内部的空间细分，营造令人舒适的街巷尺度，与庞大冰冷的立面形成鲜明对比（图3-132～图3-134）。

图3-132　原材料运输

图3-133　原材料种植

图3-134　面团揉制

3. 社区文化服务中心

黑沙环的工业大厦中出现新兴的文创产业以及一些社会团体，例如话剧社、爱乐社团、管乐社、体育舞蹈协会等等；因为周边学校也较多，面向中小学生的课外培训机构也有不少；有一些乐队会在周末晚上来到工业大厦的中间层排练和举行活动。

为了给黑沙环的青年人群创造一个有活力的聚集场所，我们把社团活动最集中的一幢工业大厦改造成为当地居民服务的社区文化中心。

在建筑中，我们置入了一条涂鸦展廊来展示涂鸦创作，还有一些"社团组织机构盒"分散在建筑中庭，例如舞蹈社团、音乐社团、话剧社团，人们可以参与到这些社团活动中。还设置了观众席和屋顶活动平台，用于举办大型的活动，例如澳门有特色的醉龙醒狮表演和拉丁大巡游活动。在建筑另一侧，置入了相对安静的社区图书馆和一些教育兴趣班等（图3-135～图3-137）。

图 3-135　社区图书馆

图 3-136　涂鸦展览廊

图 3-137　社区排练室

4. 赛车与凉茶主题空间

澳门格兰披治大赛车是澳门体坛和车坛一年一度的盛事，赛事在东望洋跑道上进行。因为是以平常的闹市街道作为赛道，以多弯、狭窄、难度大而著名。黑沙环渔翁街部分被征作赛道，其中就包括著名的发夹弯和渔翁弯。我们在沿街引入汽车修理业和观赛活动区，通过强化赛车活动为基地带来一定的活力。

又因基地靠近天后庙，有一定的宗教氛围，一些科仪活动和相关文化可以在此开展；引入澳门凉茶产业，作为中华饮食的组成部分，保护和发扬凉茶文化有着一定的现实意义。这样，在工业大厦中，既有与赛车相关的观赛区、模型体验以及展览区等，还有与天后庙相互照应的戏台。人们在这里可以边喝茶边观赛和观演（图 3-138～图 3-140）。

图 3-138　汽车展览

图 3-139　车模制作与竞赛

图 3-140　轮胎印花

3.7.10　结语

为了激活旧城的活力，在保留原有特色的同时加入新的元素是本次更新设计的根本策略。此次城市更新设计中，充分挖掘了工业历史价值，把工业元素带入设计中，打造一个可供人们参与的新型工业场所，让失去活力的工业重现生机。根据人们的需求加入一些休闲文化设施，增加绿化，消解不利因素，以人为出发点，把黑沙环工业区打造成一个有活力的和能为居民、为游客提供更好服务的工业园区。

黑沙环工业片区曾经辉煌的工业历史不能被澳门人淡忘，就此消沉。本次城市更新设计将工业以另一种模式重新搬回大众的视野，或许是一个可以尝试的方法。这是一种有机的形式，结合当地的活力元素，由内而外地让工业大厦焕发生机。并且以点触面，辐射至更广泛的区域，最终渐进式地改善黑沙环工业片区的环境与周边居民的生活。

3.8 澳门传统街巷的回溯与再生——澳门黑沙环工业区更新设计

学生：龚豪辉　蔡可佳（2015级）　　　指导老师：费迎庆　胡璟

3.8.1 背景

　　20世纪上半叶，澳门传统三大手工业——火柴、爆竹及神香制造成为澳门经济的重要支柱。20世纪50年代，在经济发展、社会变迁和思想转变等合力之下，三大传统手工业逐步走向没落，至今仅神香仍能勉强经营。从1960年代开始，澳门工业经历了30年左右的快速发展，形成以塑胶、制衣、电子、玩具等轻纺及电子工业为主的多元化工业体系。20世纪70年代，澳门制造业迅速发展，成为香港之后，华南地区最重要的轻工业加工生产基地之一，这一时期的工业厂房主要集中在黑沙环附近。1990年代以后，澳门工业停滞不前，逐步衰落，在经济总量中所占比例越来越小。如今，一座座早已没有机器轰鸣的工业大厦，兀自站立在街头。如何活化利用这些工业大厦，已成为澳门特别行政区政府有关部门以及社会人士的共同话题（图3-141）。

图3-141　澳门工业发展背景

3.8.2 矛盾问题

　　首先，黑沙环工业区的内部人口组成过于单一，工业区内部的工人从业者占绝大多数的比例。这样的人口具有很大的流动性，导致工业区内部在夜晚或是休息日变成没有人气的死城。其次，工业区内部，有很多建筑空间，例如建筑的夹缝、小巷道等，没有被很好地利用起来，导致杂物堆积。这样的空间，行人不愿通过，同时又没有值得驻足休憩的场域。再次，工业区内产业过于单一，内部缺少吸引人流的活力点（图3-142）。

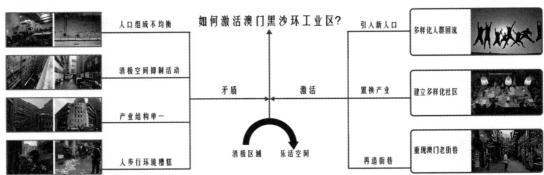

图3-142　黑沙环工业区现状问题与解决方案

3.8.3 激活策略

（1）引入新人口，吸引人群的回流。多样化人口是地区活力的关键，提供适合青年人口和多样化人群释放活力的空间区域，吸引他们在此工作、生活、定居。

（2）置换产业，建立多样化社区。澳门拥有很多大大小小的社会团体，将这种集体主义性质的人际关系抽离到建筑中，加入不同元素，提升区域的功能多样性，促使基地中形成一个个的小社区。

（3）再造街巷，重现澳门老市井。澳门传统街巷以人行为主，尺度宜人，没有机动车干扰，活力十足。通过在工业区打造新街巷，改善步行交通，提升街市传统互动的丰富性。

3.8.4 人群结构的多样化与街巷活动的重塑

随着时代的发展，现代人的生活模式逐渐从单一走向多元。传统的大家庭不再是所有人的唯一追求。丁克家庭、独身主义、青年创客等多种多样的社会新单元也同样需要与之配套的城市系统。

澳门传统的街巷文化丰富多彩：粤剧、街宴、各类民间神明的诞辰、醒狮文化表演、葡式舞蹈等。这些传统的活动，都以街巷这个"城市容器"来作为背景舞台，本工业片区恰巧缺乏举办这些活动的场所（图3-143）。

1. 概念生成

设计将建筑的局部以切片的形式分解，形成一条垂直街巷。我们将街巷活动看作货架上的小摆件，将此镶嵌在被切出来的垂直街巷中。相比原先的工业区，层层隔开没有交集，新生成的垂直街巷给这些建筑楼层之间提供了一个交流的地方（图3-144～图3-146）。

图3-143　不同人群与传统街巷活动

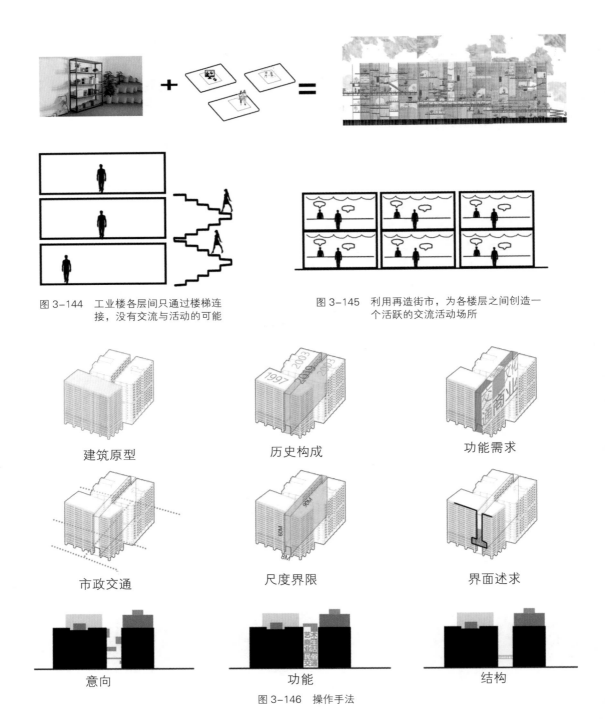

图 3-144 工业楼各层间只通过楼梯连接，没有交流与活动的可能

图 3-145 利用再造街市，为各楼层之间创造一个活跃的交流活动场所

建筑原型

历史构成

功能需求

市政交通

尺度界限

界面述求

意向

功能

结构

图 3-146 操作手法

2. 切片的尺度

垂直街巷根据剖切的宽度和位置大致分为四类：第一种为主路，宽 8 m，作为市民的主要活动交流空间；第二种为次路，宽 4 m，是更加私密的社区空间；第三种是表皮路，宽 6 m，为进入建筑的过渡空间；第四种为建筑间隙，宽度大于 8 m，作为有趣的交通过道和公园空间（图 3-147）。

3. 垂直街巷的路网提取

垂直街巷的路网由旧城的几种路网结构，拼合而成。片区的主要路和次要路，在不同的位置互相连接，可将整个片区串联起来，让人能够在 24 h 内自由地进行各项活动，从而促进不同人的交流（图 3-148）。

图 3-147　切片尺度

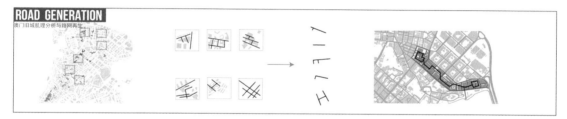

图 3-148　路网再生

3.8.5　社区分区

这片区域大致分为五块功能区，分别是混合居住区、商业区、SOHO 办公区、创客区、文教区。这些功能区经由一条主路连接起来，形成一个 24 h 都有活力的满足正常生活的乐活社区（图 3-149）。

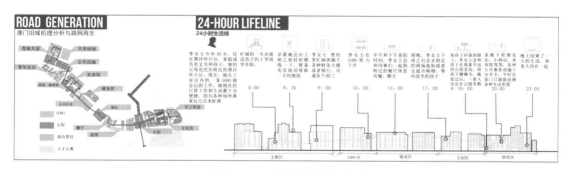

图 3-149　各功能区的紧密联系

1. SOHO 区

与传统的办公区不同，SOHO 社区融合了居住、多种办公模式。第一种是集群办公搭配居住空间，适合几十人的中型公司；第二种是个人家庭办公，适合刚刚开始创业的青年公司，工作者可以选择在家办公也可以临时租赁办公。社区的街巷中分散设置有讨论室、休闲咖啡吧、演讲室、健身房等"乐活盒子"，为上班族在休憩时提供良好的休闲交流环境（图 3-150）。

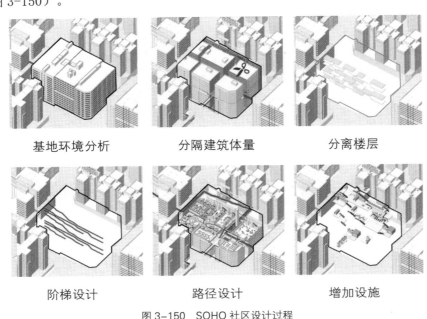

图 3-150　SOHO 社区设计过程

2. 创客社区

创客社区对富有创意和创业精神的居住个体极具吸引力，他们渴望在全新的混合居住环境中获得特定的空间需求。共享空间设施是自组织创客社区的核心内容。社区为各个项目提供独特的几何空间，让创客社区居民之间形成紧密的社区联系，并共同创建和维护社区环境（图 3-151）。

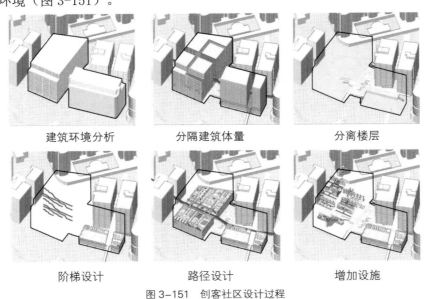

图 3-151　创客社区设计过程

3. 商业社区

与以往的商业社区不同，此社区重点在于营造澳门老城区传统街市风格，由四栋建筑围合出一个小广场，抬高广场形成传统民俗活动的发生场地，醒狮、粤剧表演等活动都可在此举办。同时社区兼顾现代活动，如小型演出、舞台秀等。人们在此不单单只体验到购物的乐趣，同时也能感受到澳门传统文化活动的精彩之处（图3-152）。

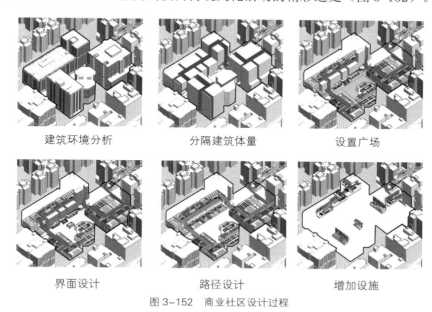

建筑环境分析　　　　　分隔建筑体量　　　　　设置广场

界面设计　　　　　路径设计　　　　　增加设施

图3-152　商业社区设计过程

3.9　复合泡泡扩张计划——澳门黑沙环工业区更新设计

学生：张嘉彧　王昕冉（2015级）　　指导老师：费迎庆　胡璟

3.9.1　目标与定位

2015年国家提出"打造粤港澳大湾区"口号，2017年写入政府工作报告，2019年粤港澳大湾区成为国家乃至世界关注焦点之一。澳门在大湾区的发展中应该承担重要的且独特的角色。不同于作为国际金融中心的香港、经济特区的深圳以及国际商贸中心和交通枢纽的广州市，澳门为旅游休闲中心。

1. 娱乐业的形成

从清朝起，澳门就是出名的娱乐之城。直到今天，更是发展成为国际赌城。澳门拥有深厚的娱乐产业根基和天时地利的现实条件（图3-153）。

2. 借鉴游戏

2016年任天堂新推出一款AR游戏，叫Pokemon Go，玩家们基于谷歌地图+GPS。实验"在现实中抓宠物"的游戏体验（图3-154）。因其突破性的玩家与城市环境的互动设计，一经上市，就迅速流行开来，深受全球年轻人喜爱。我们在澳门调研期间也试了试这个游戏，通过游戏发现了很多有趣、隐秘的地方。受其启发，我们构思了一个将城市的历史、现状发展通过网络技术进行连接和在线化的提案，通过黑沙环工业区更新命题进行示范。以增强现实（AR）技术作为新兴手段，打造虚拟与现实结合、沉浸可视化、趣味性强等特点；结合其他手段改善目前我国城市规划中公众参与水平低、参与程度不足以及被动式参与等问题。这一理念也与澳门"娱乐"的城市性格十分贴合。

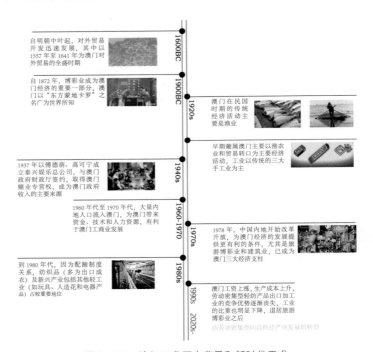

图3-153　澳门工业历史背景和新时代需求

图3-154　Pokemon Go游戏图
（图片来源：www.pokemon.com）

3.9.2 概念想法的生成

1. 空间发现

在走访了很多栋老旧的工业大厦之后，出于对建筑本身的布局和结构的了解，我们发现了很多天台、夹缝、楼梯间、避难层、废弃的杂物空间等闲置空间。我们策划在这些地方置入有特质的空间，添加这些空间之间的连接空间，将原本废弃的状态做彻底的改善，结合产业和市民对公共空间的需求进行全新的设计（图3-155）。

夹缝空间　　　裙楼楼顶空间　　　紧贴的里面　　楼顶天台　　　　废弃楼梯间

图3-155　老旧工业大厦闲置空间现状

2. 形式选择

为了区别于普通楼层的空间感受，兼顾加入AR技术的效果呈现性，我们设计选用球体作为这部分空间的主要形式。这样既可以与周边的形态做出明显的区分，又有利于投影的增强效果的呈现（图3-156）。

图3-156　球体"泡泡空间"

3. 排布方式

遵循从下到上越来越稀疏的布置方式，置入AR"泡泡"体验空间。在地面层，置入大量连续且开放的"泡泡"空间，供所有市民使用和体验。在中高层，由于其可达性有所下降，结合周边功能性质，配置少量的AR"泡泡"。

4. 使用设想

首先，让所有"泡泡"都承载公共职能。其次，结合产业分区和周围功能需求，对泡泡空间进一步开展不同层次功能策划：在低层，主要用作休闲空间、零售商店、展厅、图书馆和垂直交通的入口等；在中间层，根据工业办公、商业购物、教育和赛车科技体验区的功能，置入了体验馆、休闲吧、秀场、工作坊等带有一定功能且开放给市民的公共AR"泡泡"体验空间。在更高层的位置，则针对不同的使用人群设置了共享旅馆、共享会议厅、共享教室等空间。在具体使用上，开发专门的APP，人们可以用手机软件租用不同时间段的图书馆自习室、旅馆、会议室等"泡泡"空间（图3-157）。

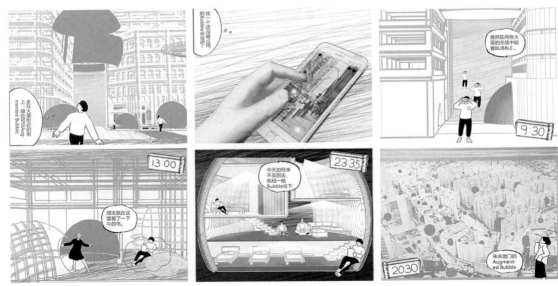

图 3-157　方案设想

　　另一方面，澳门作为国际化的城市，几乎每个月都有大型的活动举办。于是我们希望人们可以在自己的移动设备上与城市空间和各地活动进行 AR 互动，这些休闲空间会在线转播城市中的大事件情境。由此，由市民、移动设备、AR "泡泡"空间和城市大事件组成了一套系统，人、事件、城市空间三者的互动更紧密和增强了。

　　我们根据这些"泡泡"不同的位置和功能需求，分为四种类型，他们有 S、M、L、XL 四个尺寸，分布在大厦外部、嵌入大厦内部、完全在大厦内部三种不同的位置，分别作为外部、楼与楼之间、普通楼层之间等不同的空间之间的联系（图 3-158）。

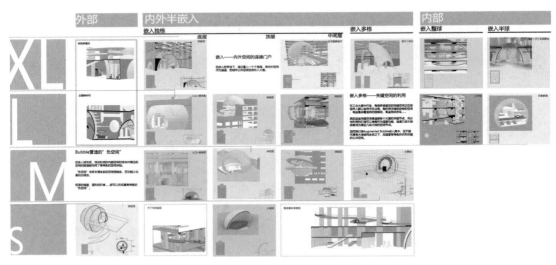

图 3-158　AR "泡泡"的类型

3.9.3 分区与业态的重整

1. 四大区域的位置选择

规划分区的依据来源于对三个方面的考虑：其一，从区位和交通上来看，比如考虑到工业区运货和劳工上班的需求，选择了距离主干道和口岸最近的几幢大厦，将它们改造成工业办公区；其二，从周边已有重要场所功能来看，比如在中小学对面设置教育区，在发夹弯赛车道附近区域设置赛车文化区；其三，考虑片区本身的需求，比如商场已经成为居民生活中不可或缺的一部分，借助这一刚需，规划商业购物区（图 3-159）。

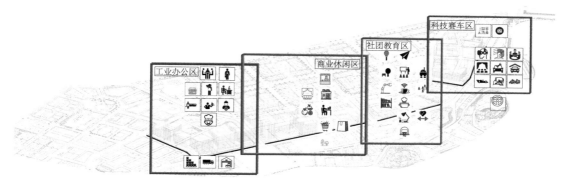

图 3-159 四大区域的位置选择

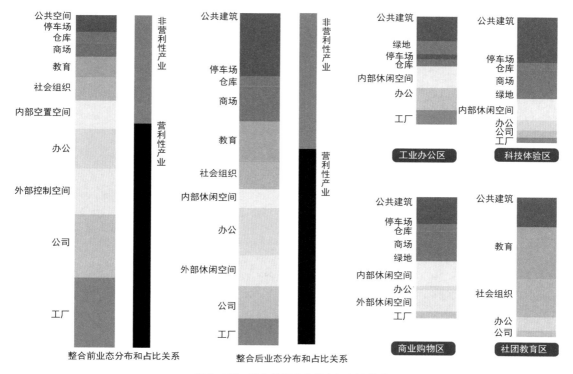

图 3-160 整合前后业态分布与占比关系

123

2. 业态的重整

　　通过对每栋楼进行实际的走访后，我们认为黑沙环工业区之所以需要更新，很大一部分原因是原本的业态不够活跃，无法带动周边发展，反而和周边市民的生活较为冲突。在重整业态的过程中，我们将周边市民的需求作为主要的考虑点，增加了大量为市民服务的功能空间（如商业部分）。另外，我们还设法保证了整个区域的营利性空间比例不被大幅缩减（图3-160）。

3.9.4　总结

　　城市是个动态的系统，每一刻都在变化，城市空间更像是这些变化的载体。从早期欧洲的广场空间到现代生活中的多元公共空间，市民参与城市空间塑造的方式越来越多样。此方案结合新时代的科技和游戏产业，探讨居民、城市大事件与城市空间的一种另类互动的可能性。城市空间和人的生活通过这样的方式联系更紧密，既活化了城市空间和产业，又增添了市民生活的乐趣，城市可以让生活更有趣。

3.10 "新陈代谢"——一种定制即时的城市模块

学生：徐升　潘家慧（2015级）　　　指导老师：费迎庆　胡璟

城市中改造区域的功能属性被锁死，"娱乐""居住""办公""公共半开放"等区域属性不能跟随现状的变化而即时更新，这是常见的城市更新策略大多徒劳无功的根本原因（城市需求更迭速度远大于常规建筑使用周期）。因此，智能化的城市功能载体作为"城市开放"的条件成为当前需求。

本案吸取日本新陈代谢主义和英国建筑电讯学派的核心思想，将可移动性、可持续发展性作为内核，通过改造来帮助城市适应"小时级"的功能需求变化频度，用模块网架系统作为运载体，让模块系统在黑沙环工业区内乃至整个澳门满足各种即时城市功能空间需求，尝试从根本上解决城市更新类项目的弊端。通过构筑出一套智能的城市更新运作方式，让城市更新时刻发生，且动态地满足不同场景下的需求，以真正达到激活历史工业区的目的。

3.10.1　现状及问题

基地位于澳门半岛渔翁街，是澳门的工业分布区域。黑沙环一带，在澳门半岛东北部，该区原来是一个海湾。20世纪60年代以后，便按照当时的规划，以澳门发电厂为中心，发展成为一个具有相当规模的工业区。黑沙环中部黑沙环海边马路与劳动节大马路之间是20世纪80年代后期的填海区，大部分已经建起了高层商住大厦。北部是20世纪90年代初期的填海区，大部分仍在开发建设中。其东端是黑沙环污水处理厂，通往氹仔的友谊大桥就在它的旁边开始。保利达花园、广福祥花园、广福安花园、海明居、寰宇天下等大型屋苑都坐落在该区内。东南末端为友谊大桥的起点，西北末端则和关闸边境检查口岸相连。黑沙环地区作为澳门最大并且历史最悠久的工业区之一，其蕴含的历史价值与文化值得保留与发扬。

然而，随着澳门整体产业发展转型，经济结构发生了重大变化，原有的工业大厦已无法满足新的产业与空间的更替。虽然，北部的高密度居民楼与附近的关闸、港珠澳大桥这类人流量颇多的交通枢纽为其提供了良好的流量潜力，基地周边众多的自然景观与文化景观也为吸引观光客提供了一定的条件，但由于入口不明显、位置偏僻等原因，许多历史建筑和遗迹并未得到良好的展现；产业发展疲软的现状导致缺乏足够的流量拉力，难以吸引观光客与创新人才的到来。

3.10.2　澳门工业特色及总体更新策略

澳门工业历史悠久，但发展缓慢，真正意义的现代工业从20世纪60年代才开始发展起来；到20世纪70年代，澳门工业发展速度加快，20世纪80年代进入全盛时期，成为澳门四大经济支柱之一；然而，到20世纪90年代初，开始出现放缓现象。澳门工业主要有如下四个特点：

（1）以中小型工厂为主，规模小，分散经营。工业门类单纯，生产工序比较简单，无法满足工艺复杂、外部协作较多的生产要求。

（2）劳动密集型工业，生产设备和技术比较落后，产值比较低，但具有潜力，提高较快。这种特点在 20 世纪 70 年代尤为明显。

（3）外向型模式，产品以纺织品为主体，全部或大部分外销。许多欧美国家给予澳门贸易优惠，其出口加工产品的 70% 以上销往欧美市场，亚洲市场居次。

（4）基本按接单方式安排生产，对外依赖性大，特别是对中国香港和中国内地的依赖性更大。

澳门工业发展模式与香港相同，同为劳动密集型出口加工业。澳门工业与香港更是有着千丝万缕的联系，从投资、接单、技术到管理，多由港商控制或参与。在一定意义上，可以说澳门工业是香港制造业的分支或翻版。澳门近年来出现的新型工业的特点是：①技术含量高，产值高；②摆脱传统市场，开拓产品销售新市场，促进市场多元化发展；③工业资本结构产生变化，日资首次投资澳门工业，显示了资本多元化的发展趋向。

澳门制造业内迁后，产业结构转型，旅游博彩业等第三产业比重增大，老旧工业区的发展堪忧。但是，通过对澳门工业的历史和工业发展的调查，以及对基地工业现状和周边文化资源的调查，我们发现基地内及周边仍具有一定发展潜力。工业片区的改造可保持工业态为主体，结合澳门特色文化、土地集约、人口密集的特征，进行产业结构升级和活动更新。

观光客的涌入与其他产业的入驻，将不可避免地对较大基数的当地居民产生各方面的影响与改变。这个影响对当地居民而言是否积极？他们会接纳这类改变并从中得益吗？所以我们认为，处理好当地居民、观光客和相关产业人员的关系在该区域的改造更新中显得至关重要。

3.10.3　构想及策略

20 世纪 60 年代，日本的黑川纪章、大高正人等提出新陈代谢的理论，其核心思想之一为：建筑是可生长的、满足自我更替。类似水性生物的栖居特性，多个单一个体完成一个集群相互连接。将这样的集群看成一个网状结构，可以进行重组拆分，但整体的结构不会变化。建筑体系同样可以用这样的方式来构成，这样自组织建筑物可以根据需要来"悬挂"功能，由不同的单元组成一个大的空间来完成特定的功能。

我们将该工业区视作是饱含遗留的培养中心，通过合适的引导与改造，使其自发地形成一种自我更新的生命体。创造出一种可以依附新的框架轨道体系、具备高机动性与实时变化性的城市盒子，来动态地满足各个角落不同人群对空间及场地的需求。

1. 自组织单元模块系统

（1）单体自身的可变性探索

（2）单体的组织和组织后的功能满足类型学研究

我们试图构建出一种具有自我变化性的模块，它可随着区位与功能的不同而改变。依据适宜的通用尺度，我们选取了 5400 mm×5400 mm 的外皮模数作为单体的基准模数。并依据相互组合所可能形成的空间模式，采取了以下 3 种基本变化手法（图 3-161）。

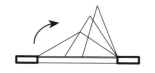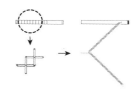

图 3-161　变化手法

通过对 3 种手法的运用及不同空间尺度的把握，最终形成了如下 20 种基本型（图 3-162），通过对这些母题的再拼接与组合，最终形成大大小小各式各样的丰富空间。其中有的偏向于满足各式人群的临时居住功能，类似胶囊舱体酒店或集合住宅；有的是公共空间模块，旨在为人们提供多元化的活动场所；还有的则是产业办公空间，最终在该旧工业区逐渐渗透更新。

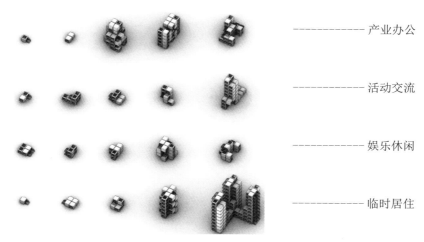

---------- 产业办公

---------- 活动交流

---------- 娱乐休闲

---------- 临时居住

图 3-162　20 种基本模型

2. 反噬性网架系统

（1）基于反噬空间的网架系统构建

（2）网架系统的轨道设计（纵向 & 横向）

（3）地下回收空间和运作设定

当确定了单体的类型与组成后，我们随即开始思考这些单体要如何依附在城市中形成新的积极空间。通过前期分析可知该工业区的用地情况不容乐观，

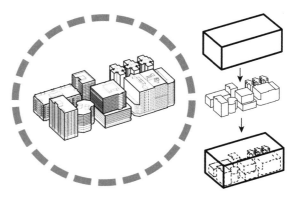

图 3-163　空间运作设定

城市道路狭窄、楼房间距较近，这些现状为城市更新增加了不小的阻碍。所以我们采取灵活、高效利用城市负空间的策略，以（图 3-163）为例，选取部分片区，假想一个实体遮罩于其上，在剔除了原有的建筑体量与街道部分后，剩下的便是该片区可加以利用的负空间部分。我们尽可能地在楼与楼之间创造出一个全新的变更体系，建立起有着

独立逻辑意识的城市更新秩序。

借鉴英国著名电讯派理论的思想，形同插入城市（Plug-in City），我们设计固定框架体系，方便单体依附与移动。上述提取的城市负空间正好为其准备了足够的场地来搭建与组装。通过建立起与地面交通系统的联系，以及负空间中快速高效的运输体系，这纵、横两大框架系统用来实现整套更新方案（图 3-164 ～图 3-167）。

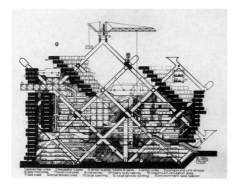

图 3-164 插入城市一
（图片来源：http://archigram.westminster.
ac.uk/project.php?id=56）

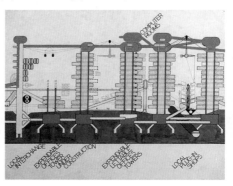

图 3-165 插入城市二
（图片来源：http://archigram.
westminster.ac.uk/project.php?id=56）

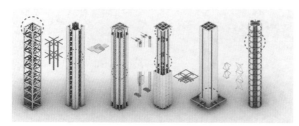

图 3-166 竖向联系

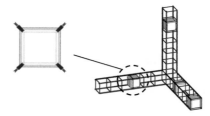

图 3-167 轨道组成示意

3. 即时适应性系统

在完成了单体的构想与网架结构的搭建，接下来便是两者之间相互运作的方式了。通过不同时间段各类人群对特定空间的需求来更改、重组单元模块的排布方式，创造出缩短至小时级的动态空间体系。例如工作日的白天时段，人群较多集中在产业办公区域，此时需要更多的临时办公模块与提供短暂休憩空间的模块，通过组合来达到优化该片区的整体空间品质；周末晚上，人群较为分散，且多为轻松活动的状态，此时则需运输拼接更多的活动场所与娱乐设施来满足人群的使用需要等。

3.10.4 结语

一个地区的更替与否，未必完全取决于其功能属性的变化及相应空间的再利用程度，而是在于是否存在一种相对完善可变的更新机制来引导、激活此地区。理想的城市发展也应该像自然生态系统一样，在有限的空间资源内保持灵活与流通，塑造适应地区需求的建筑空间环境。不适合就置换，饱和了则迁徙，失去活力就重组，这是保持城市与建筑可持续性的有效手段，这样方可适应当今社会的发展节奏。

3.11 基于点、线、面的工业区多角色"舞台"重塑

学生：方婧之　许立平（2015 级）　　指导老师：费迎庆　胡璟

3.11.1 片区相关信息及基地现状分析

1. 片区概况

澳门特别行政区由澳门半岛、氹仔岛和路环岛组成。澳门半岛西面与珠海市仅一河之隔，东北面与珠海市接壤。澳门特别行政区作为粤港澳大湾区的重要城市，作为建设世界旅游休闲中心、中国与葡语国家商贸合作服务平台，促进经济多元发展，承担着以中华文化为主流、多元文化共存的交流合作基地的发展重任。

黑沙环工业区位于澳门半岛东北部旧城区与填海区交界处，东北面为填海区，西南面为旧城区。填海区肌理规整，旧城区街道肌理较为破碎，街道延伸形态较为自由。作为澳门东北部重要工业区，这里是多数大陆工作者来澳务工的主要聚居地，也是游客进入澳门的必经地。工业区的周边是居民区，基地内为密集的工业大厦集群，它作为片区产业的重要"发动引擎"，为周边居民区源源不断提供生活能量，形成生产者—消费者的社会生态链体系。

2. 片区环境分析

2018 年 10 月，港珠澳大桥的通车彻底解决了香港、澳门与珠江三角洲西岸地区因伶仃洋的阻隔问题，使其联系更加紧密。港珠澳大桥澳门连接线起于澳门人工岛，经友谊圆形地至填海新区。黑沙环工业区邻近澳门东北海岸，北部即为友谊圆形地，是港珠澳大桥在澳门着陆之后的重要途经地。

基地毗邻关闸，其中慕拉士大马路北端距离关闸 2 km。南部黑沙环马路、慕拉士大马路、渔翁街一带为工业区，工厂大厦林立，建筑体量庞大、工厂业务繁忙、多数建筑邻街，集中于大马路周边。自西北向东南延伸的线状工业区好似将澳门半岛东北部切分开来，两侧是集中的居民区，东北侧为新填海区，西南侧是大量的高层商住大厦，基地周边形成了居住—工业—居住的空间格局。

3. 工业区与居民区

片区内的工业大厦平均 10 ～ 14 层，体量庞大，封闭性高，立面色彩较为厚重。工业大厦内业态以贸易、制造业等为主，其中贸易占 30%、制造业占 24%、工程占 11%。在其沿街业态组成中，零售业占店铺总数的 34%，餐饮业占 32%，其中，与汽车相关的服务产业占据一定份额，这与渔翁街路段作为格林披治赛车赛道有关。物流运输产业占据了大厦底层的大量空间，使得邻街产业很难发展完善、形成规模。总的说来，工业大厦产业过于单一、冗杂、落后、分布不均，从而导致各类矛盾与问题。

周边的商住大厦，多为高层多单元样式，体量不亚于工业大厦。在工业区东北面新填海区的居民楼多为"口"字形或"U"形，单元并列排布，中部围合出一个活动庭院，设置幼儿园或者其他公建，居民楼底部多设置沿街的商铺，满足多种生活需求，为上部的居民提供服务。工业区西南侧紧邻旧城区，地形起伏，街区形状相对不规则，居民楼形式多样，多为点式高层，其中夹杂多处建设工地及大型公建。

工业区的存在不可避免地为居民的日常生活带来一系列的问题。譬如，线形分布的工业大厦阻隔了居民与城市其他区域的联系，居民的日常生活不够便利。除此之外，工业区内物流繁忙，运输车辆的往来给行人带来一定的危险，影响居民的出行体验。因此，处理好居民区与工业区、在地居民日常生活与工业物流的关系，对于片区的积极发展很重要。

3.11.2 片区内价值分析

1. 建筑形态与空间价值

庞大高耸的工业大厦，从外部形态上看由多种颜色的马赛克包裹着，呈现厚重沉稳的姿态。它们由不同业主建造，即使大厦内部结构、功能、布局等基本类似，具有一定的规律性，但在街道人行视角之下，各栋之间依旧存在着差异。多数高层工业大厦在垂直功能分布上类似，底层为物流运输中心，集合多家公司的产品临时储备及运输；2～3层作为停车场，设置坡道与底层连接；高层部分则分层分区对外租赁，为各公司的生产、办公、展示等场所。由于工业大厦预设功能及业态组织的单一性，部分空间没有得到充分的利用，具有较大的更新潜能。

（1）室内停车场。停车场在街道行人的可视范围之内，可将其开发作为与街道一体的沿街景观或服务带，同时结合基地之内沿街面宽度，可形成具有连续性和观赏性的低空视觉通廊。

（2）多层平台。工业大厦因为裙房和塔楼的组合，往往在2～6层位置形成平台空间，此类空间与建筑内部空间联系紧密，也是对外接触的重要"窗口"。

（3）贯通天井。工业大厦纵深大，多用天井以改善大厦中的通风采光条件，一般布置于建筑核心筒附近，以及沿街一侧。贯通天井具有联系上下空间的作用，且不占据原有空间。

（4）屋顶平台。可将屋顶平台打造成休闲场所。

2. 建筑底层与顶层空间价值

工业大厦底层空间作为建筑与街道的直接接触点，顶层空间作为视觉的制高点，在建筑中区别于其他空间，应加以关注。在黑沙环工业区中，多数建筑底层空间用作物流运输与仓储，是大厦之中各公司业务的交汇场所，也是每座大厦最繁忙的场所。不同楼层的使用者在通勤过程或者是休息时都会在此处汇集，容易发生多样行为。这里的底层空间仅用于交通，几乎没有任何停留行为发生。通过改造底层空间、增强工作群体彼此的交流、营造休憩空间、置入其他功能，从而吸引到访旅客、激发空间价值，是让空间利用更加紧凑的有效做法。相对于底层空间，建筑的顶层空间显得更加私密，更有距离感，但是其蕴含的视觉景观资源是其他空间所无法比拟的。经调查发现，多数工业大厦的顶楼为闲置状态，与底部的联系不够紧密。因此我们计划改造顶层空间、改善垂直交通，为工作者和其他人提供一个空中休憩场所。顶层空间的多功能利用，也是缓解面积压力的有效做法之一（图3-168）。

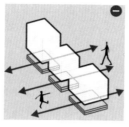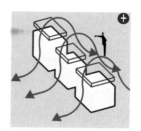

原黑沙环工业片区内街道空间不舒适，与周边关系有隔离 ＊

底层做减法，将良好的街道空间还给城市 Ｉ

顶层做加法激活闲置的天台引导工作者、居民游客走向融合 Ⅱ

图 3-168　激活城市空间的处理方式

3. 多角色人群价值分析

在地工作者、周边居民和到访游客组成人群"三元"结构。其中，在地工作者为活动的主体，周边居民更多时候是途经于此，而到访游客可能会有短暂逗留。三者在基地中均为不可忽略的存在，分别有不同的意识形态，对于工业区持不同的态度，有不一样的生活方式和目标……彼此有交集，也存在矛盾与摩擦。

（1）在地工作者

在地工作者好像潜行者，潜行于社会结构的底层部分，感受着建筑、街道中最本质、最细微、最不起眼的部分。他们的场所没有"功能分区"，随处可见的台阶、马路牙子、石墩，建筑之中的栏杆、窗台、踏步、楼梯间等都属于他们，可达性与便捷性是他们对于环境最基本的要求。

（2）周边居民

基地周边的居民是最熟悉城市的人，他们知道哪个菜市场比较便宜，哪家餐厅好吃，哪个学校比较厉害，哪个医院专业……在居民的心里有一套成熟的场所评价体系，自我需求是他们活动的导向。

（3）到访游客

基地之中不乏外来的到访游客，他们的目的可能并不清晰，如探索未知的事物、寻求动人的灵感。相对于工作者和居民，他们显得更为随意与自由，约束他们的条件很少。在街道上、在建筑里、在人群中，他们在寻找闪光点。

三个角色各有特点，相互独立，又相互影响、相互制约，都是片区之中行为活动的主角，我们在设计过程之中，应遵循以人为本的思想，从三者的行为特点出发，探讨三者未来新的生活模式，研究确定其合适的共存模式。我们综合各方面因素，尽可能创造更多的交融空间，在不断扩大交集的同时创造理想和谐的角色互动模式。

3.11.3 多角色互动与点、线、面体系构建

1. 人群矛盾与靶向解决方案

每个角色的生活方式、意识形态、价值观不同，对于基地之中现有事物的认知也有所不同。在现实中，工业区的环境与使用者之间存在着矛盾，不同群体之间也存在一定的摩擦与隔阂，而如何解决这些，是我们设计思路的重要导向（图3-169）。

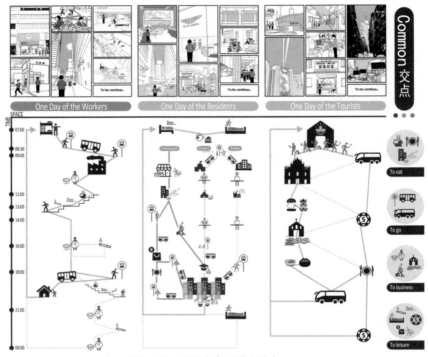

图 3-169　不同角色人群的活动

对工作者而言，环境的存在对于他们至关重要，是他们"将就着生存"的载体，但他们没有过多的要求，舒适、便捷、高效是根本。所以优化工作空间，可为工作者们带来触手可及的"升级"体验。

对居民而言，功能单一的工业大厦与他们的生活并无交集，反而成了住区之间的屏障。因此，在基本保持现状的前提下，片区的更新应从工业区的"去纯粹化"开始，加入服务元素，让工业区成为住区之间的服务引擎，从"纯粹的生产者"转换为"生产与服务并存"。我们在设计过程中，就"如何更好地穿越工业区"进行思考，认为应打破传统的底层街道穿越模式，建立高、低空的立体连接空间，实现居民所憧憬的高质量、舒适、有趣的生活体验（图3-170～图3-172）。

对于到访游客，针对他们探索未知、寻求灵感的特性，工业区更新应该打造文化特色，让游客体验澳门的传统工业文化，并介入工作者的空间，从平行徘徊到立体穿梭，实现角色互动。

除了外部环境与群体的矛盾，群体与群体之间同样也存在着矛盾。如：工作者与居民之间，前者视工业区为生存基础，后者视工业区为生活阻碍；游客与工作者之间，前者对于工厂充满好奇心，后者不愿意自己的工作空间被外人打扰……这些矛盾，究根结

底是群体之间缺乏交融空间。改造建筑和街道空间，变封闭为开放，让居民和游客走进大厦内部，让工作者体验街道，这是生活品质改善的开始，也是社会关系的一种进步。更新的起点是分化，更新的目标是交融、是实现人群自由无限制参与的交融空间，让每个角色在每个空间都能成为主角（图 3-173）。

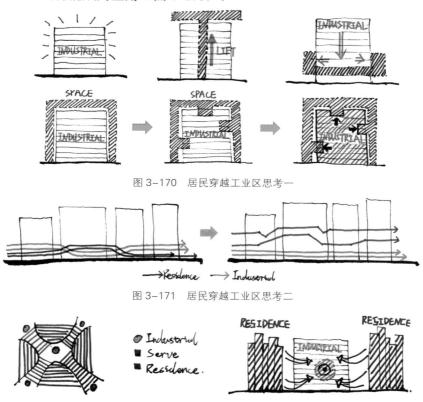

图 3-170　居民穿越工业区思考一

图 3-171　居民穿越工业区思考二

图 3-172　居民穿越工业区思考三

图 3-173　改造建筑与街道空间

2. 点、线、面体系的构建与设计目标

在现状中，在地工作者、周边居民、到访游客三个角色有着各自的活动空间，空间不相交融。我们将其空间特征进行归纳，分别以点、线、面的形式表述三者的生活状态，以进行类比分析。

在地工作者使用空间呈现面状，这是因为他们对于工业区的熟知程度较高，同时，其工作范围涉及各个角落。周边居民使用空间为线状，更多时候他们仅做基本生活需求的穿越，是单纯地经过，不会有过多的逗留。到访游客使用空间为点状，他们对于基地的认知仅限于有限的几处游览，由于时间和其他因素限制，难以有较为深入的探索。

现状之下，点、线、面三类空间在基地各处皆有分布，但彼此之间的交融较低，互相影响干扰，显得混乱冗杂。经分析，我们把这几种形态的空间"解构—重整"：将三种样式的空间解构形成最基本的"点"，重新归纳分类；同时根据新的业态及功能需求加入新的"点"；将新、旧"点"有秩序地散布到基地各个潜力空间中，通过排列、串联、交织，形成新的网络；最后细化到服务于多个角色的新功能体系中，为角色交融创造可能。

3.11.4 多角色交融"舞台"重塑设计策略

1. 四大主题功能区的确立

底层空间是街道空间在水平方向上的延伸，应设置更为合适的空间形式、新型业态，为角色交融创造潜能。顶层空间，作为工业大厦对外的空间延伸，适宜开发成为更高层次的休憩观景场所，通过垂直交通与地面连接为工作者的生活提供新的可能，同时也为居民与游客创造一个文化认知平台及活动新场所。

通过对于三个角色的需求分析，结合互相交融的设计目标以及基地现状，我们定义了四个功能主题，结合各栋工业大厦的形态特色分区策划，分别落实到四个街区之中，包括：

（1）工业主题

设置屋顶休闲场所，为在地工作者打造位于建筑顶层的休憩空间，为他们提供日常逗留的场所。工人可以自由布置、灵活使用。设置工业大食堂，提供自由餐饮空间。

设置工业展示厅，为工业开启一扇新的展示窗口。底层空间适当保留工业，增加展示环线，人群穿行其中，感受真实的工作情境。

设置社会杂谈庭。在工作者日常通勤路线上建立微型休憩空间，它们或是靠近街道，或是靠近工业车间，或者与公交车站结合布置，为工作之外的闲暇交谈以及休憩交流提供更为便捷的空间。

（2）教育主题

在建筑底层建立开放的公共图书馆，以弥补基地周边相关教育资源的空缺，在为居民服务的同时，也方便工作者们业余时间的充电学习。

天际阅书台与底层圆梯台：在顶层空间建立阅书空间，通过垂直交通与底层图书馆相连，居民、工作者、游客在丰富知识的同时可体验顶层优质景观；圆梯台是由底层建筑内退形成的梯台，加入景观小品元素，形成市民休闲娱乐广场。

（3）市集主题

利用建筑之间的带状绿地，打造底层市集。大型环带将居民楼与工业大厦底层相连，并在景观空间中设置悠闲步道。

延续澳门传统市集特色，我们在建筑底层设计半圆形的市集空间，满足周边居民与游客的需求，为原本单调的工业建筑群增添活力。其中，运动买手市集与穿行于建筑底层的步道结合，为运动爱好者提供便捷的休憩与能量补充场所。

种植园与高空健身馆：发挥顶层采光及景观优势，设置种植园，以供居民进行亲子种植体验；高空健身馆通过垂直电梯与底层相连，是居民和工作者健身活动的去处。

（4）汽车文化主题

小型车穿梭改装环道：建筑底层规划汽车穿行流线，与街道相连，环道边上设置汽车改装点，打造新型汽车改装模式。

巴士穿梭市集：利用工业大厦底层的大层高，引入公交线路，公交线路边布置各类市集，增强游客视觉体验，创造戏剧化购物体验。

汽车穿梭餐厅：将新型餐饮形式引入到片区之中，与此同时，弥补了周边餐饮业的空缺。

改装车凌空展场：利用建筑顶层开阔空间，设置改装车展场，结合景观与绿化形成优质的展览空间，增强片区顶层空间吸引力，引导更多的游客到访。

2. "上加下减"的容积率置换模式

由于黑沙环工业区建筑密度较高，容积率基本已达到饱和，在更新设计过程之中，并无过多的闲置公共空间可供开发。因此，设计的主要手法是将建筑内部闲置空间适当释放。顶层小规模置入空间，作为工业大厦的顶部开口，结合顶层绿化景观，在满足各功能需求的同时，避免了顶层的过度开发。在底层，将建筑空间与街道的边界模糊化，扩充街道人行尺度。重新规划机动车流线，在建筑底层设置车道，与城市马路连通，实现车辆的灵活穿行，为其他行为活动空间增加便捷性。

"上加下减"的模式实现了片区整体的容积率置换，将容积率增幅控制到最小，最大限度地避免了城市更新对于片区的消极影响。在整体空间设计过程中，有加有减，既是对新功能空间的打造，又是对原有冗余空间的释放与再利用，让基地空间结构更加合理，更加符合人群的广泛需求（图3-174）。

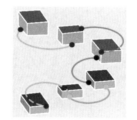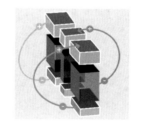

图3-174 "上加下减"模式

3. 暖色调的融入与曲线形延伸

在黑沙环工业区这一片"混凝土森林"之中，单调沉重的外壳对于街道上的人群并不友好。渺小的人群之于冷酷庞大的建筑，犹如蝼蚁之于巨象。我们在设计过程中，采用竹子作为各功能空间的围合材料，将暖色调融入建筑之中，为"混凝土森林"加入一点活力的色彩。

在建筑中加入曲线形态，能在视觉层面上对建筑的形体进行软化，弱化建筑与人的距离感。

3.11.5 结语

本次设计针对澳门宏观环境和特色建筑的现状，研究黑沙环工业区的人群意识形态以及生活方式，通过空间重塑的手法，为各个群体打造新的活动空间，实现角色之间的交融，创建了片区之中富有特色的交融"舞台"。

第四章

设计成果

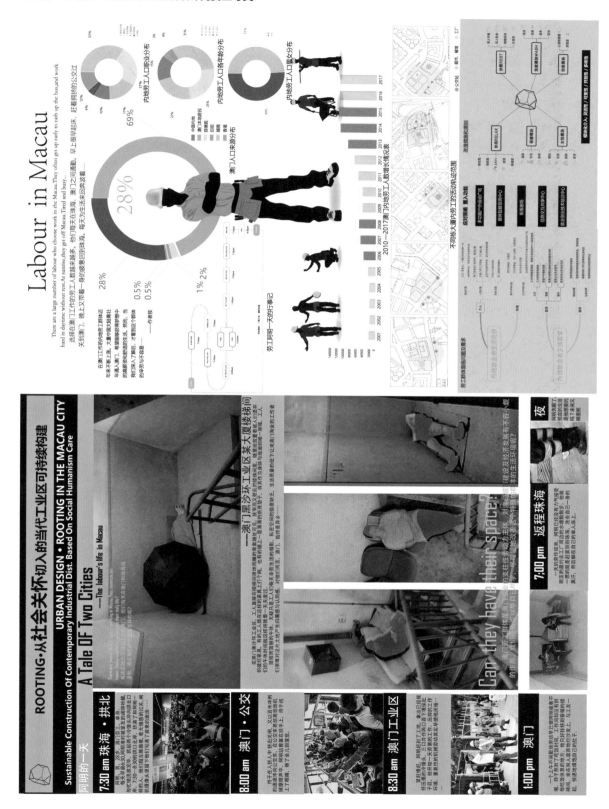

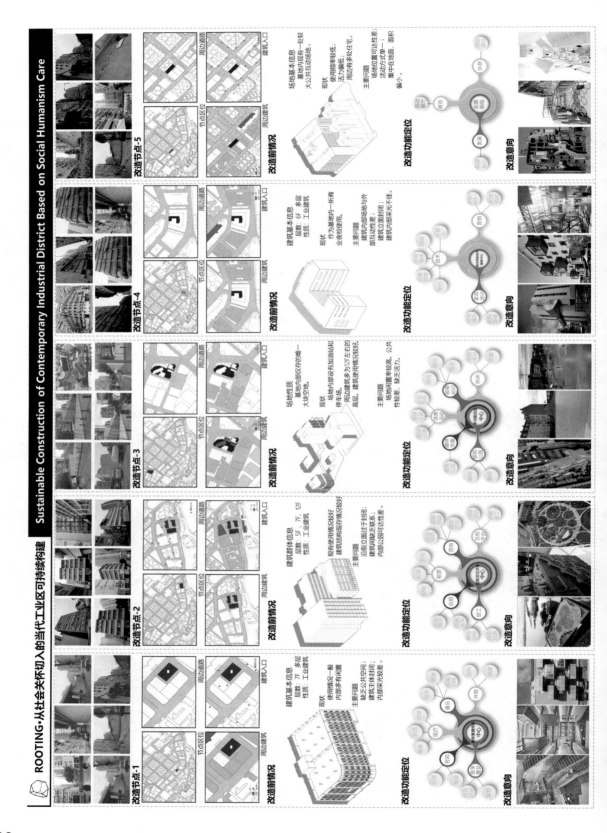

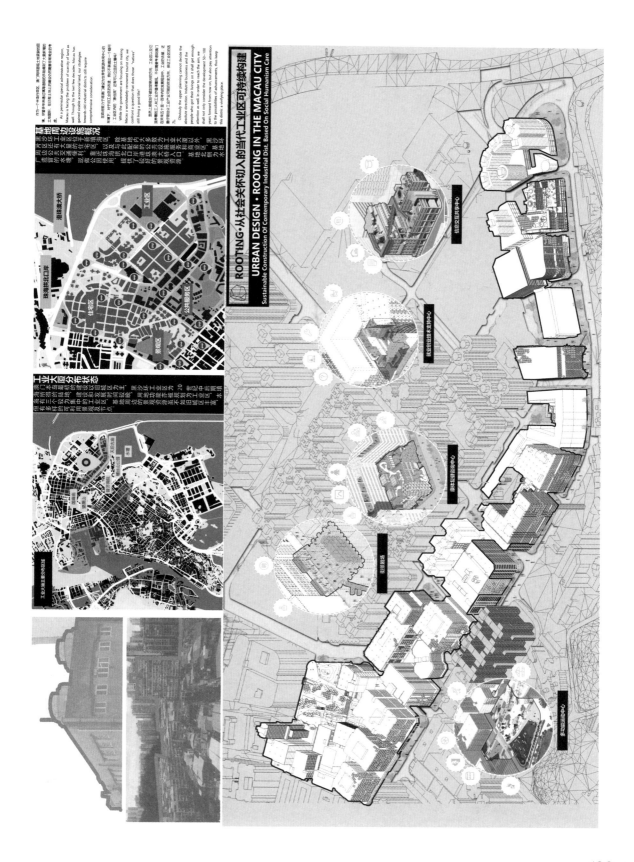

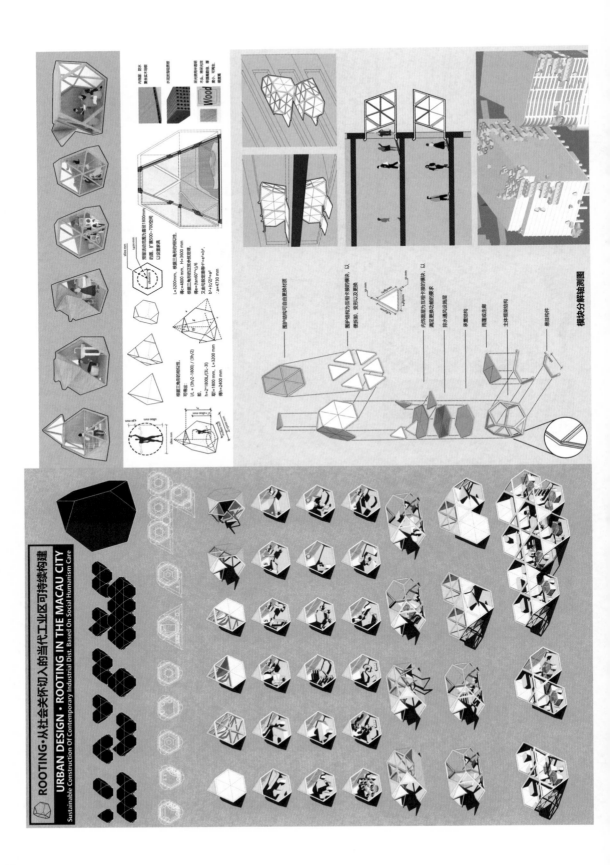

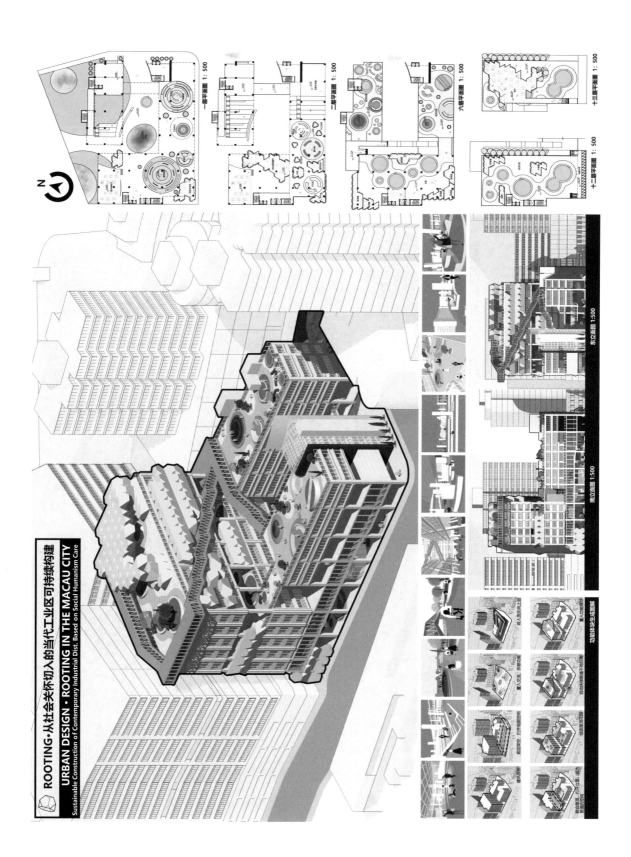

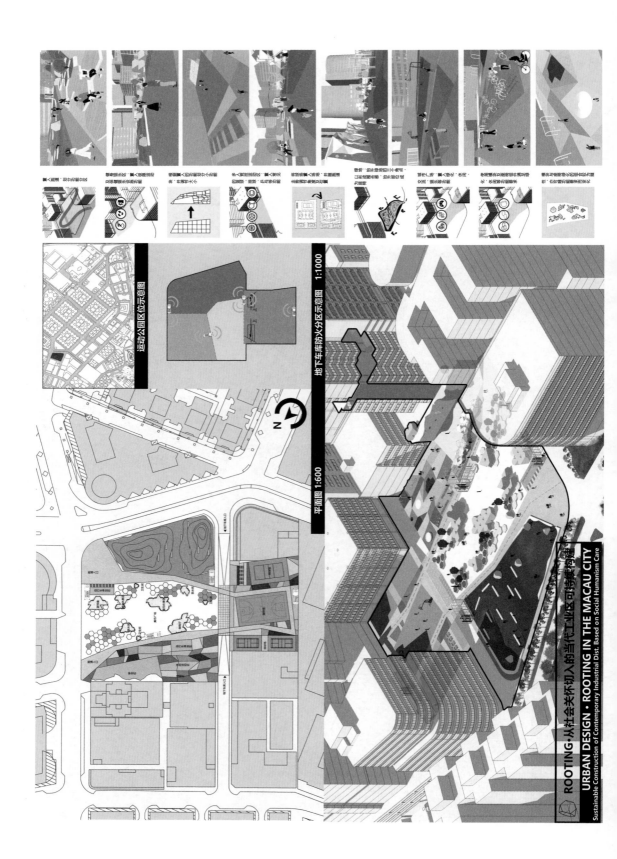

運動公園區位示意圖

地下車庫防火分區示意圖 1:1000

平面圖 1:600

N

ROOTING · 从社会关怀切入的当代工业区可持续构建
URBAN DESIGN · ROOTING IN THE MACAU CITY
Sustainable Construction of Contemporary Industrial Dist. Based on Social Humanism Care

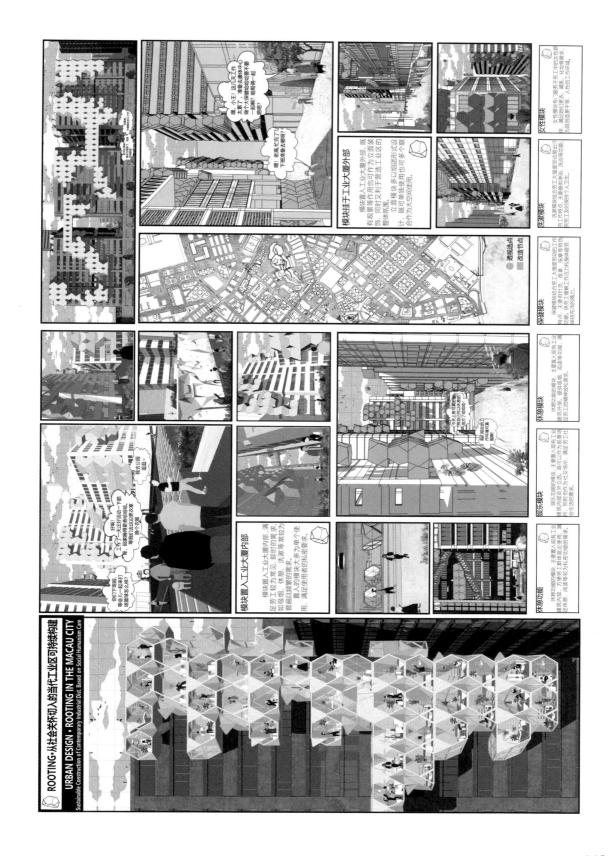

143

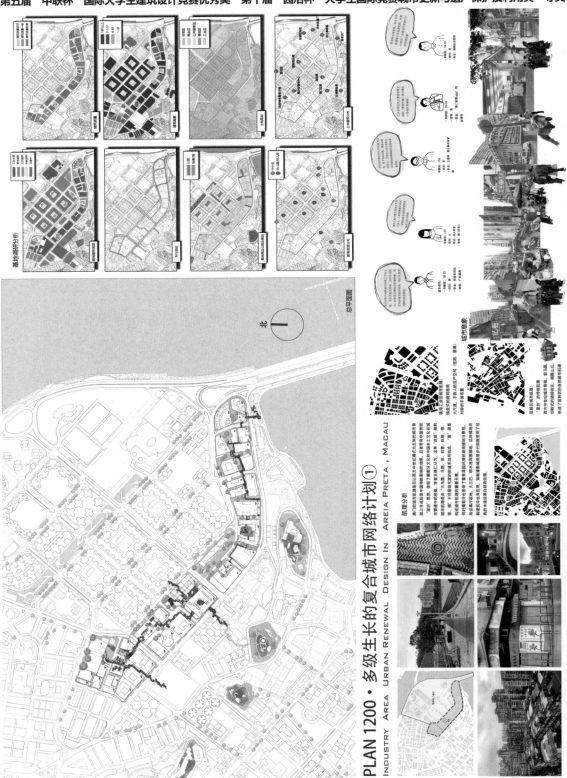

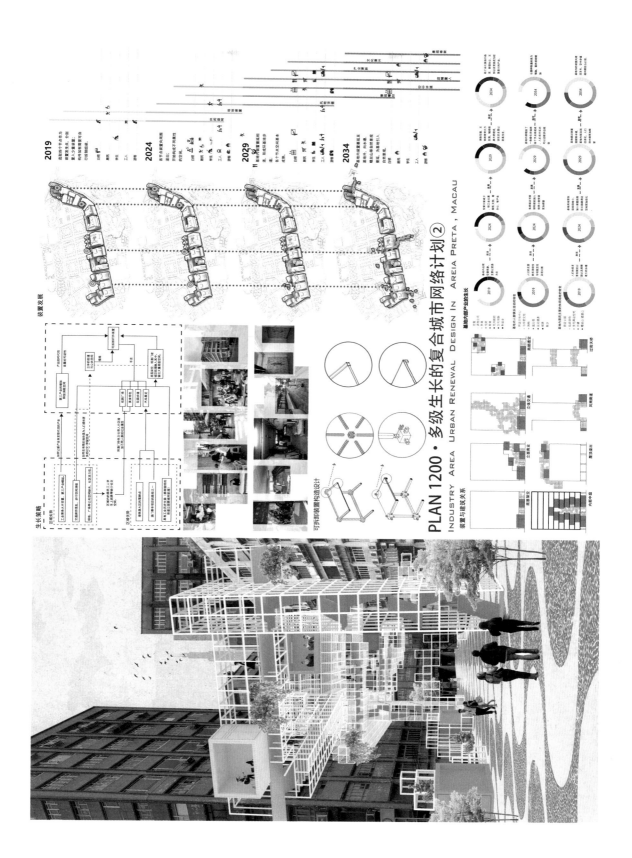

装置发展

2019
2024
2029
2034

生长策略

可拆卸装置构造设计

PLAN 1200 · 多级生长的复合城市网络计划②
INDUSTRY AREA URBAN RENEWAL DESIGN IN AREIA PRETA , MACAU

基地内部产业的生长

装置与建筑关系

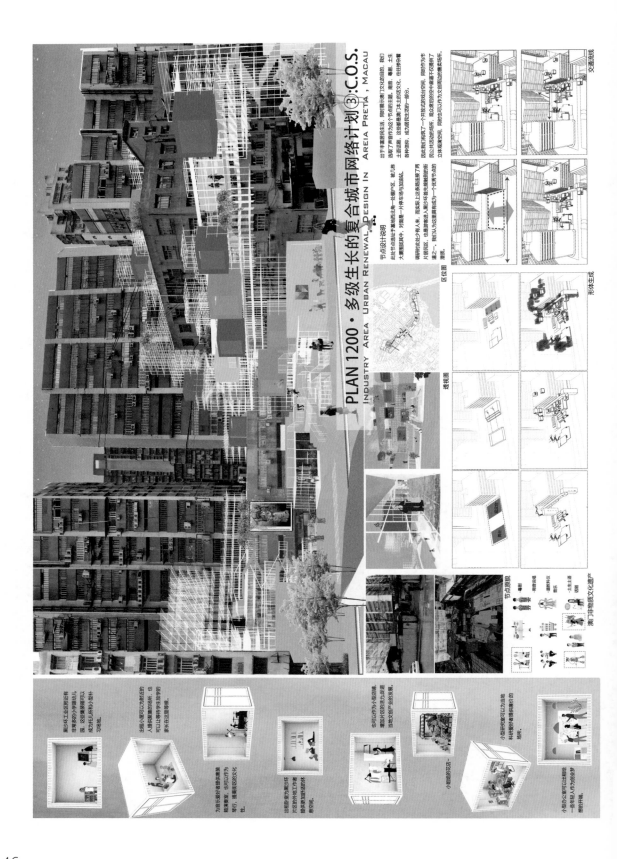

PLAN 1200·多级生长的复合城市网络计划③:C.O.S.

INDUSTRY AREA URBAN RENEWAL DESIGN IN AREIA PRETA, MACAU

节点设计说明

此处节点选址于某地而出命一处聚户区。如几处大面面混凝土中，对面是一片种车活与加油站。

调研时此处的行人车来，而采取。这些混凝生了两片使住区，也是游客进入澳片不管先准制制的街道之一。我们从为这是我本来成为一个次节点的潜质。

出于丰富居民生活，同时解决12文化的目的。我们选取了声音作为这个节点的主题，商排、粤船、土生混话话题。对面混是澳门本土的话活色、往往姿家都各种行的，成为居民生活的一部分。

因此我们扩构建了一个开放式的演出空间，同时作为市民公共活动场所，成众来临的空中相置不可建构了立体观演空间，同时也可以作为次节点的潜能。

交通流线

形体生成

澳门非物质文化遗产

区位图

透视图

节点展视

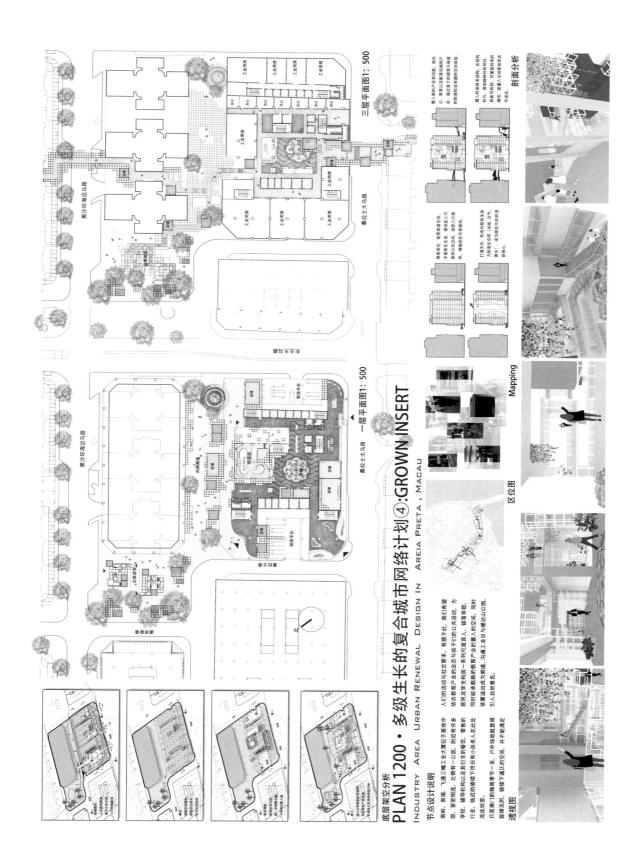

147

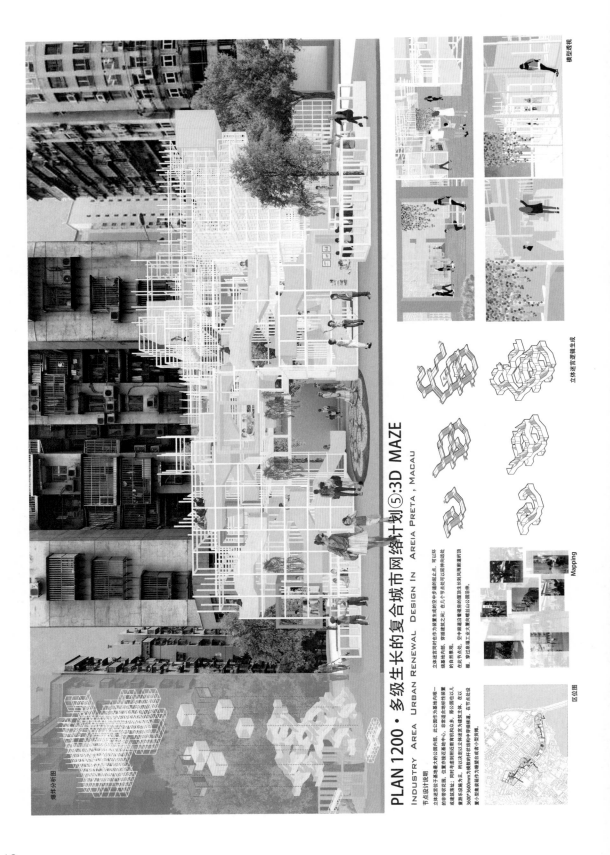

模型透视

立体迷宫逻辑生成

Mapping

区位图

楼栋分析图

节点分析图

PLAN 1200·多级生长的复合城市网络计划⑤:3D MAZE
INDUSTRY AREA URBAN RENEWAL DESIGN IN AREIA PRETA , MACAU

节点设计说明

立体迷宫安放于某块最大的公园内部，此公园作为基地内唯一的带状绿化区，位置承接基地中心，非常适合地标的设置成通道起点。同时考虑到附近教育机构众多，略公园也以儿童游乐设施为主，所以决定以立体迷宫为建筑主体，在节点处设置3600*3600mm为模数的许运接中学插梯道，在节点处也设置小型设施为增置台或小型休憩。

立体迷宫同时也作为装置生成的空中步道的止止点。可以环绕基地外围空间之间，穿插建筑之间，作为基地由地标申向此处的自然景观。

在此节点处，空中部通道穿越房的漫游生长制成两栋前端的顶棚，穿过废墟工业大厦向峰连山公园延伸。

148

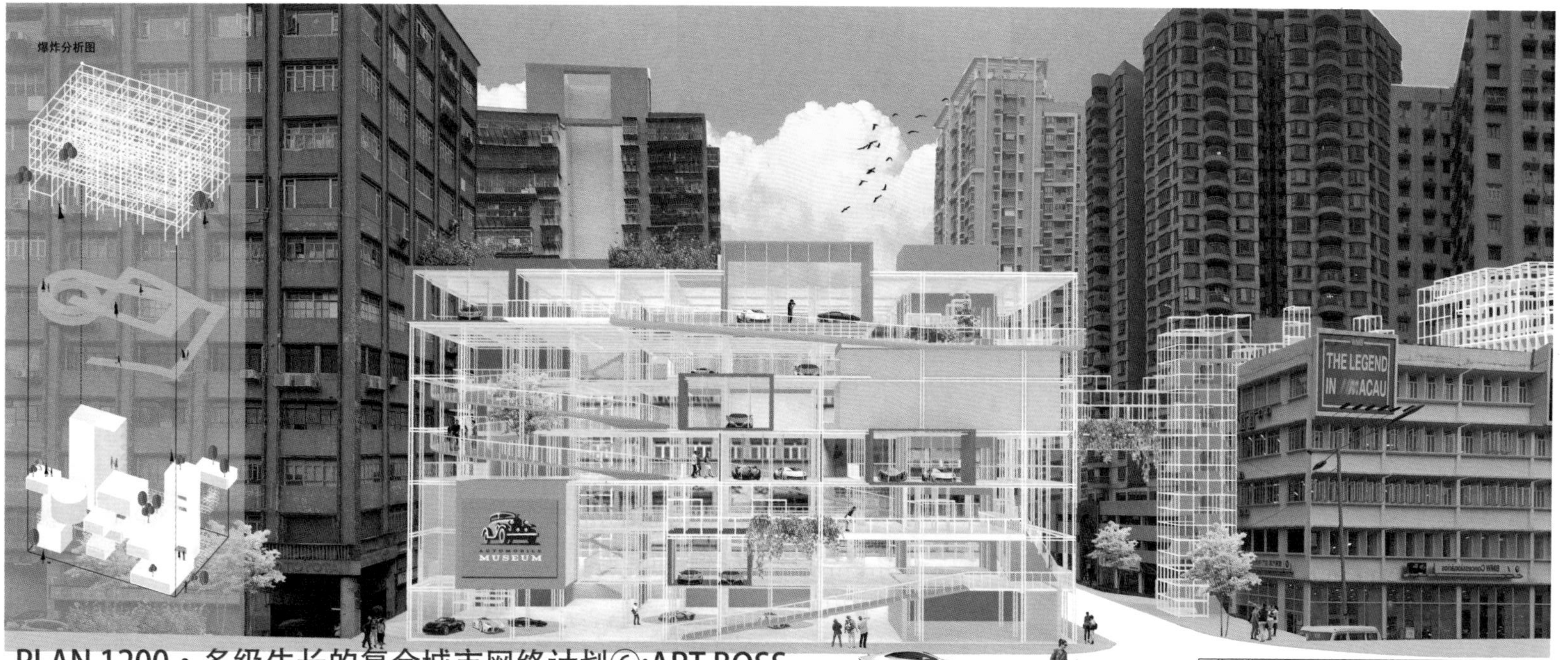

PLAN 1200 · 多级生长的复合城市网络计划⑥:ART BOSS

INDUSTRY AREA URBAN RENEWAL DESIGN IN AREIA PRETA , MACAU

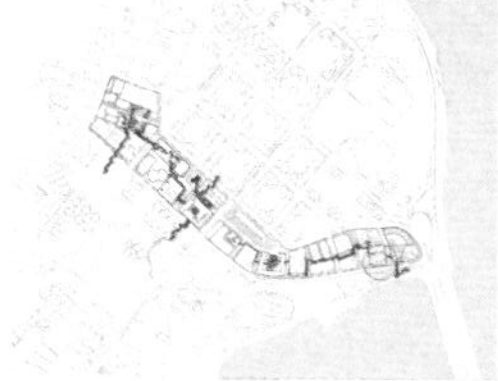

区位图

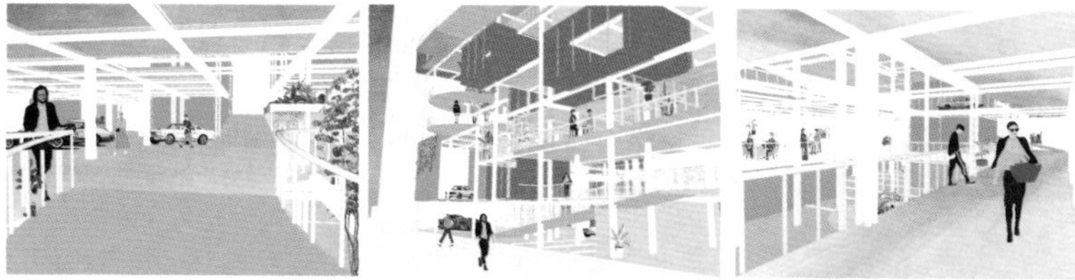

透视图

节点设计说明

汽车展馆节点原址是一处宝马公司，位于基地近海端。此处多4s车店，过街转角往往可以看见豪车展示在橱窗中；渔翁街亦是东望洋跑道的一部分，是澳门举行澳门格兰披治大赛车的赛车跑道。为了更多地向街道而不只是在建筑内部进行汽车展示，我们使用了通透的框架结构展示出观览坡道和悬挑的展览盒子，同时也隐约可见其后的建筑立面，体量轻盈地消隐于厚重的大楼之间。

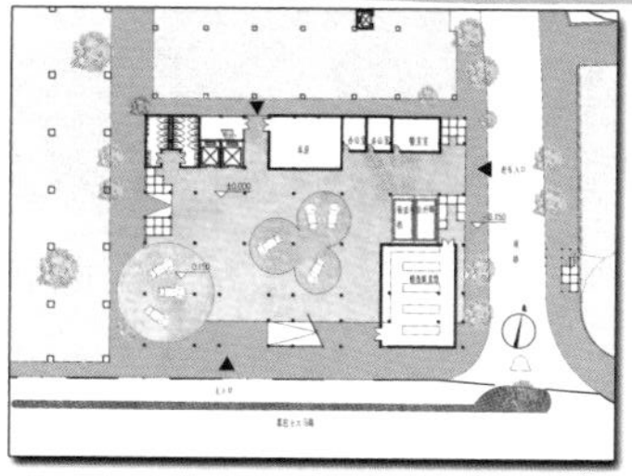

一层平面图1：500

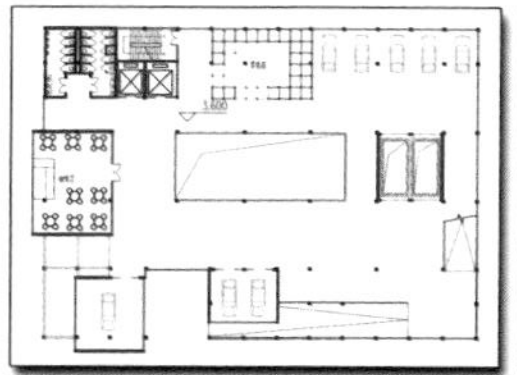

二层平面图1：400

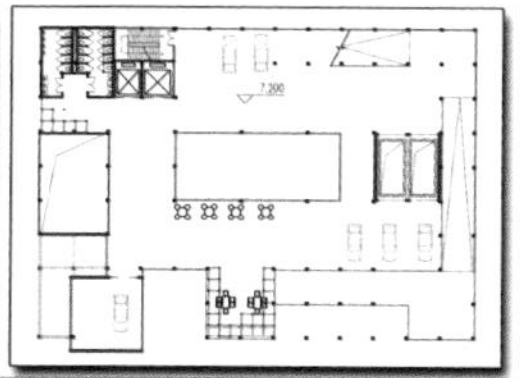

三层平面图1：400

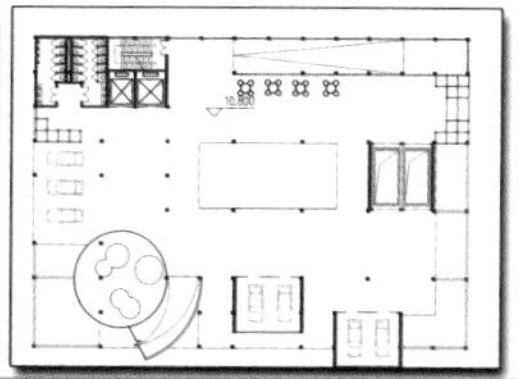

四层平面图1：400

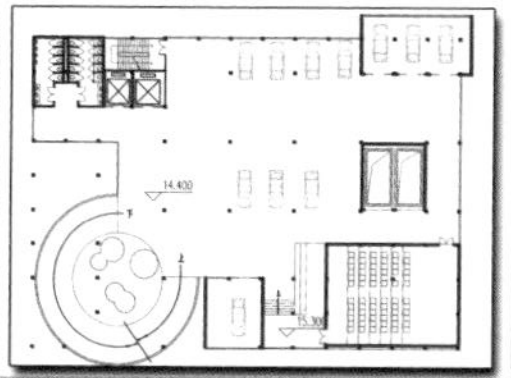

五层平面图1：400

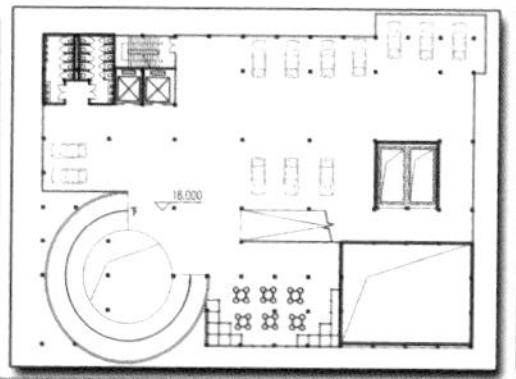

六层平面图1：400

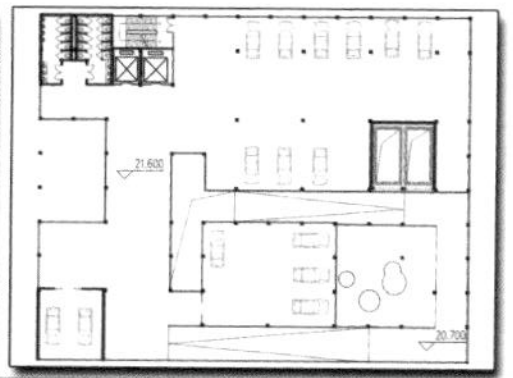

七层平面图1：400

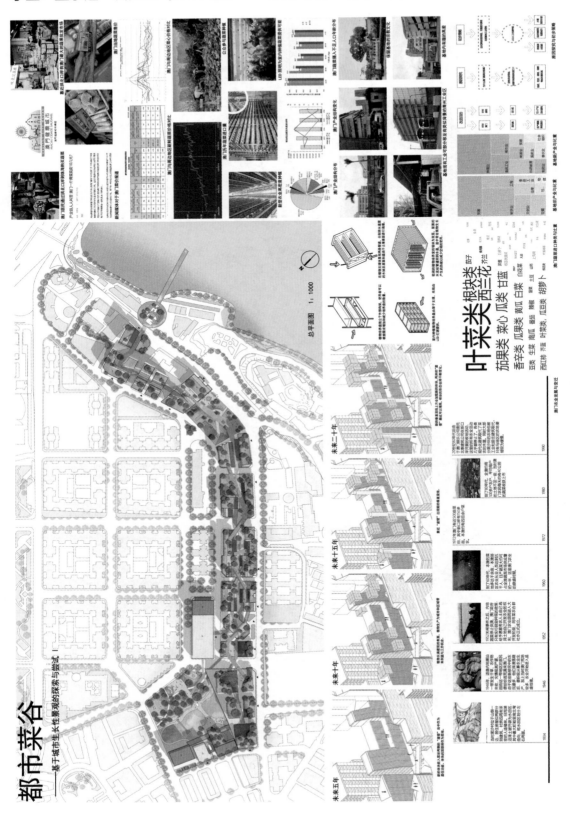

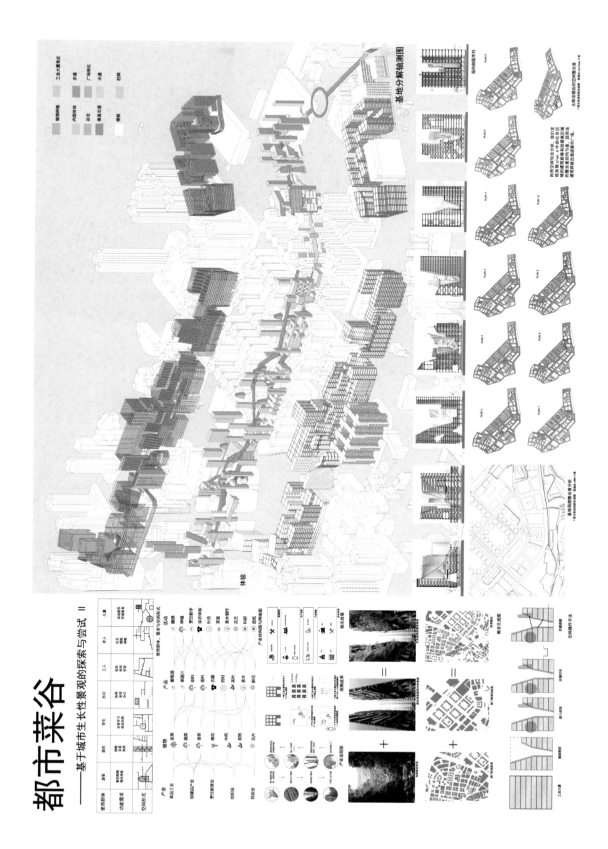

都市菜谷
——基于城市生长性景观的探索与尝试 Ⅱ

基地分解轴测图

峡谷透视

都市菜谷
——基于城市生长性景观的探索与尝试 III

水道细部 1：200

中间层平面图　1：1500

一层平面图　1：1500

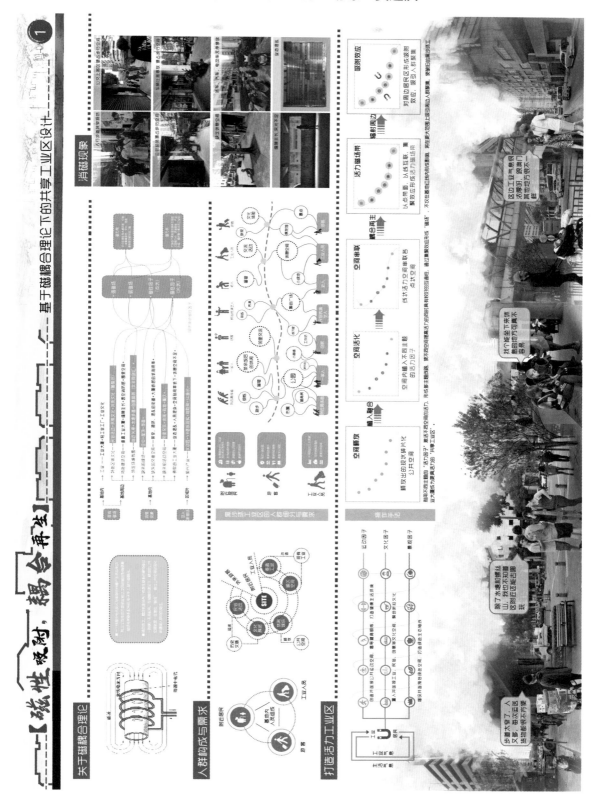

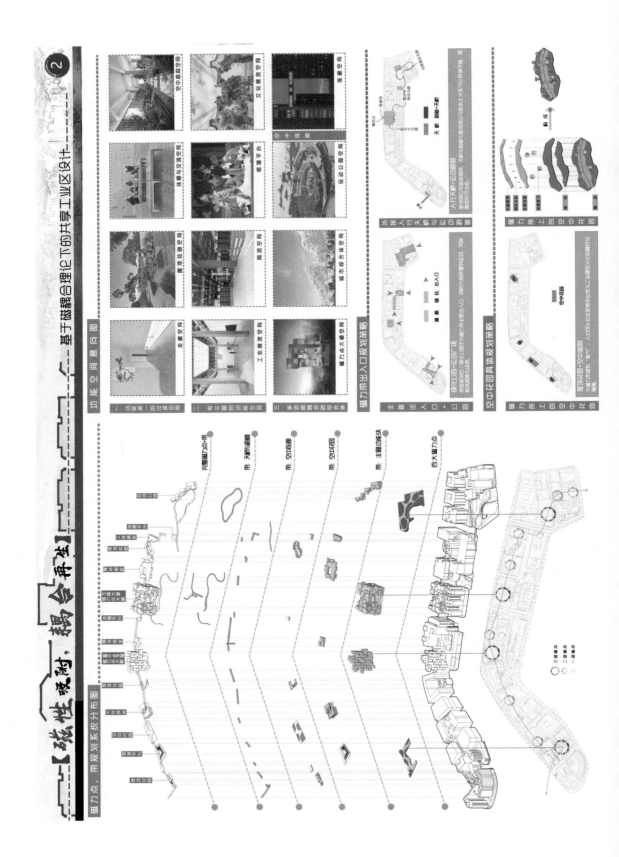

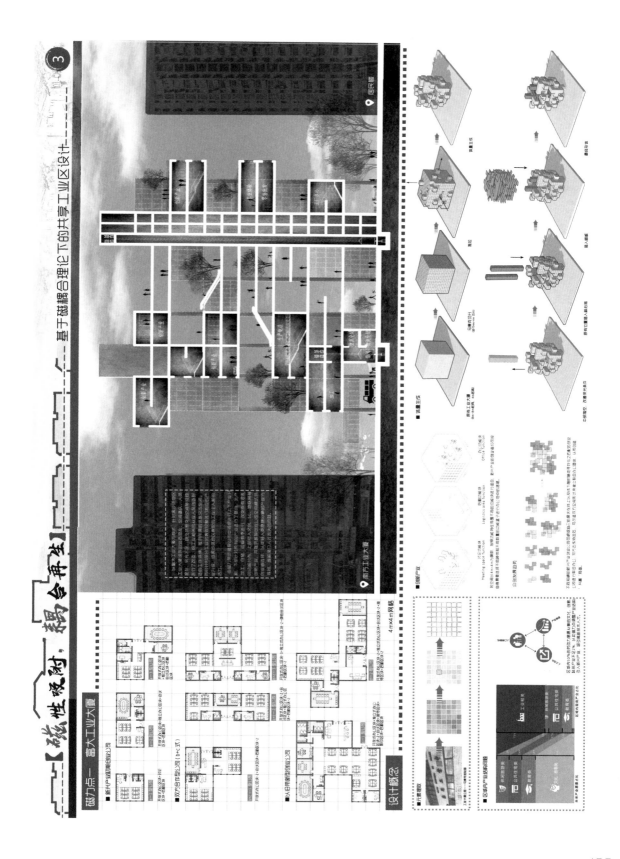

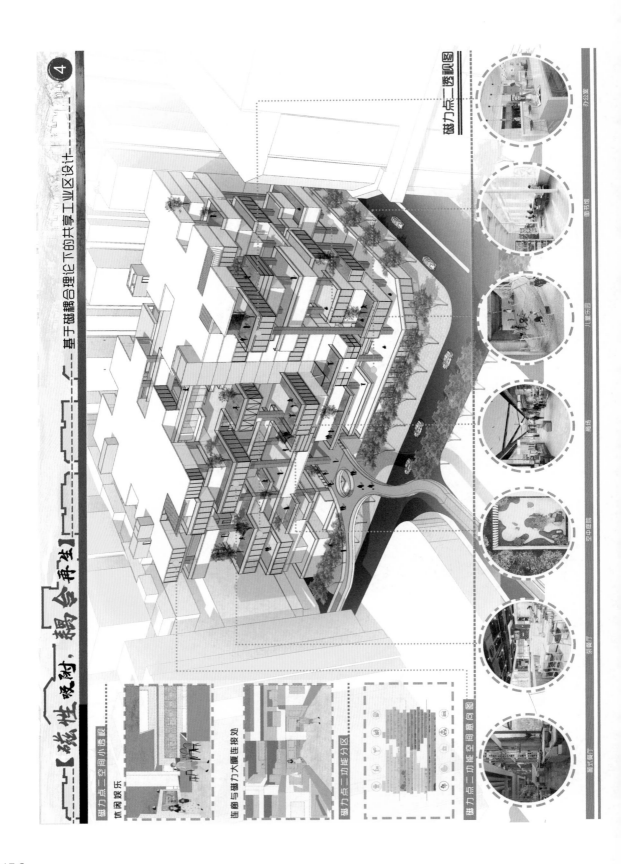

弹性吸附，耦合再生
——基于磁耦合理论下的共享工业区设计

④

磁力点二透视图

办公室

图书馆

儿童乐园

居住

空中花园

宴客厅

展示餐厅

磁力点二空间小透视

休闲娱乐

连廊与磁力大厦连接效果

磁力点二功能分区

磁力点二功能空间意向图

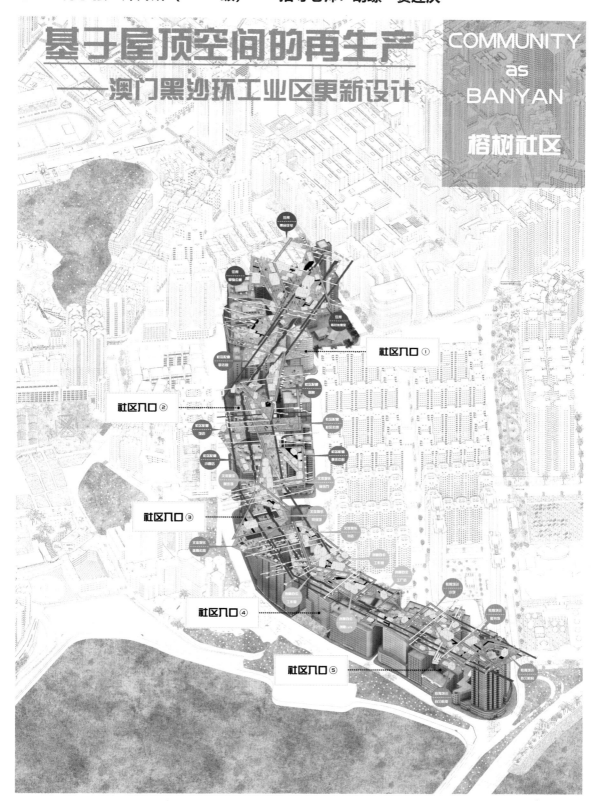

基于屋顶空间的再生产
——澳门黑沙环工业区更新设计

COMMUNITY as BANYAN

榕树社区

社区入口 ①

社区入口 ②

社区入口 ③

社区入口 ④

社区入口 ⑤

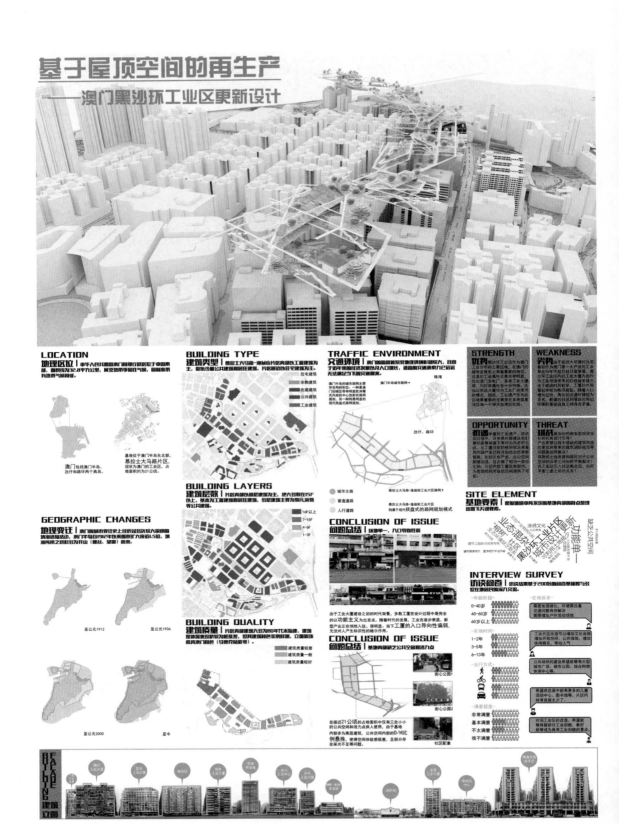

基于屋顶空间的再生产
——澳门黑沙环工业区更新设计

LOCATION
地理区位 | 中华人民共和国澳门特别行政区位于中国南部，面积约为32.8平方公里，属亚热带季风性气候，同时亦带有热带气候种征。

澳门包括澳门半岛、氹仔和路环两个离岛。

基地位于澳门半岛东北部，慕拉士大马路片区，现状为澳门的工业区，占地面积约为21公顷。

GEOGRAPHIC CHANGES
地理变迁 | 澳门城市变迁史上经历过多次大规模的填海造地活动，澳门半岛自1912年的填海面积大约为1.5倍，填海所用之材料多为开山（爆石、堆填）而来。

至公元1912

至公元1936

至公元2000

至今

BUILDING TYPE
建筑类型 | 慕拉士大马路—湖城市片区内部以工业建筑为主，除东侧公共建筑和居住建筑为主，片区周边以往住宅建筑为主。

- 宗教建筑
- 居住建筑
- 公共建筑
- 工业建筑

BUILDING LAYERS
建筑层数 | 片区内部建筑层数主要存在两种情况，一种是原有旧式工业建筑，大大多数在15F以上，基本为工业建筑和居住建筑，剩部建筑主要为购物、餐饮等公共建筑。

- 16F以上
- 7-15F
- 4-6F
- 1-3F

BUILDING QUALITY
建筑质量 | 片区内部建筑大容易为80年代末未始建，建筑质量普遍较为较差，但其建筑特色非常鲜明，立面装饰都具有特色（马赛克贴面等）。

- 建筑质量较差
- 建筑质量一般
- 建筑质量较好

TRAFFIC ENVIRONMENT
交通环境 | 澳门城市道路交通环境能够影响六，由于近几年来城市经济发展及人口增长，道路和交通承载力已远无法满足当下的交通需求。

澳门半岛的城市道路主要存在两种情况，一种是由门山或区半有地延伸进来，一种是基于地形特征延伸进来，受地形影响及填海造的路网现代棋盘式的路网规划模式。

- 城市主路
- 普通道路
- 人行道路

慕拉士大马路—湖城市工业片区路网图

慕拉士大马路—湖城市工业片区到基于现代棋盘式的路网规划模式

CONCLUSION OF ISSUE
问题总结 | 法地单一，内部导向封闭

由于工业大厦建设之初的时代背景，多数大厦在设计过程中完全的以功能主义为出发点，随着时代的变迁，工业在逐步衰退，新型产业正在情况入住，但工厦的入口导向性偏弱，无法对人产生足够的吸引作用。

CONCLUSION OF ISSUE
问题总结 | 基地内部缺乏公共空间和活力点

在接近21公顷的占地面积中仅有三处小小的公共空间和活力点供人使用，由于基地内部多为高层建筑，公共空间内部的D/H比例悬殊，使得空间体验感极差，且部分存在采光不足等问题。

- 街心公园1
- 街心公园2
- 社区配套

STRENGTH
优势 | 黑沙环工业区作为门业工业发展的重要缩影，见证了澳门工业的兴衰变化，其独特的工业风格被大量艺术工作者所挖掘，为片区的更新注入新的活力。

WEAKNESS
劣势 | 由于基地大规模的改造成本较高，在近几年内难以彻底改变，缺少工业化的工业大厦作为历史载体，时间缺乏较为成熟的规划，随着人口的逐渐增多，周边的交通环境和基础设施的承载力已不够。

OPPORTUNITY
机遇 | 随着门工业退产、游客数量增加、许多新兴产业进入片区，为老旧工业片区的更新注入了新活力，大量艺术性的文化因素的入注，其部分产品已经可以在这里的空闲空间中得以展示。

THREAT
挑战 | 随着各种新的活动业态进入老旧工业片区中，对各种工业建筑的改造需求日益增加的更新改造等到现状实施时的规划等的矛盾之间如何取得平衡是个难点，如何在工业区注入人群活跃度，取得平衡之道是不是个难题。

SITE ELEMENT
基地要素 | 根据调查中所发现的基地内部的种种现象得出以下关键要素

黑沙环工业区 城市设计更新

INTERVIEW SURVEY
访谈问卷 | 访谈结果基于200份的问卷基础图与各位在地居民进行的深入交流。

- 年龄阶段
  - 0-40岁
  - 40-60岁
  - 60岁以上
- 在地时间
  - 1-2年
  - 3-5年
  - 6-10年
- 出行方式
- 满意程度
  - 非常满意
  - 满意
  - 不太满意
  - 很不满意

- 在地诉求
  - 需要景观提升，环境面貌改善
  - 需要增加户外活动场地
  - 工业风改造增可以增加文化设施，增加游玩空间，公共娱乐，增加体闲娱乐，增加人气
  - 公共场所的建设希望能够有大型的城市广场、城市公园、综合商业等
  - 希望在改造中能有更多的儿童活动中心，图书馆等，片区内有更良好发展少了
  - 对旧工业区的改造，希望能够保留部分的工业信息，希望能够成为具有工业旧貌的场所

FACADE BUILDING 建筑立面

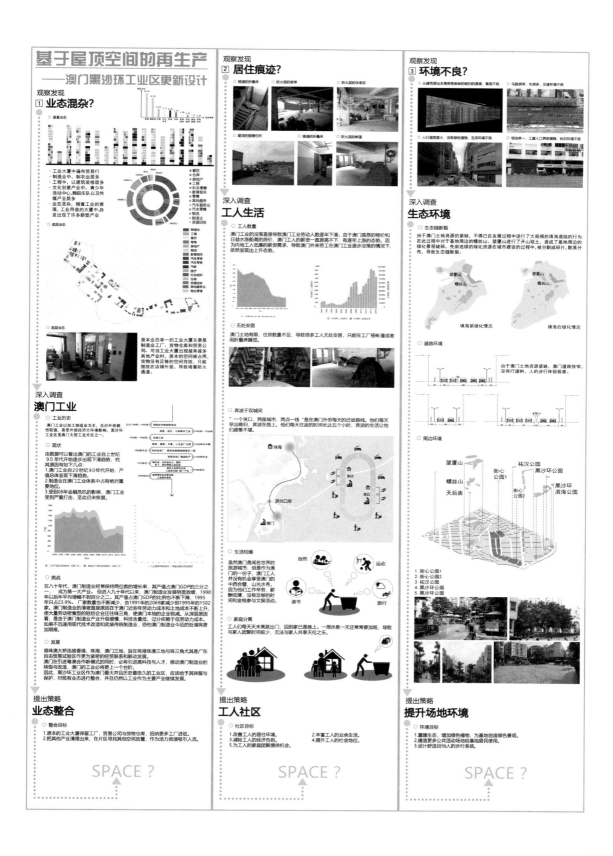

基于屋顶空间的再生产
——澳门黑沙环工业区更新设计

观察发现

1 业态混杂？

- 产业总业态

- 工业大厦中遍布贸易行
- 制造业多，制衣业居多
- 工程中多，建筑装修居多
- 文化创意产业多，青少年活动中心、舞蹈乐队以及相关产业服务
- 业态混杂，随着工业的衰落，工业用地的大厦中，自发出现了许多新型产业

- 底层业态

原本业态单一的工业大厦主要是制造业工厂、货物仓库和贸易公司。可当工业大厦出现越来越多其他产业的占用，原本的空间被占用，货物被有各种的空间存放，只能摆放在店铺外面，导致堵塞防火通道。

深入调查
澳门工业

- 工业历史

澳门工业以加工制造业为主，且对外依赖性较强，曾受外部经济大环境影响，黑沙环工业区曾是澳门工业大厦工业六区之一。

- 现状

由数据可以看出澳门的工业自上世纪90年代开始逐步出现下滑趋势，究其原因有如下几点。
1.澳门工业自20世纪90年代开始，产值总体呈现下滑趋势。
2.制造业在澳门工业体系中占有绝对重要地位。
3.受到08年金融危机的影响，澳门工业受到严重打击，至此仍未恢复。

- 挑战

在八十年代，澳门制造业经常保持两位数的增长率，其产值占澳门GDP的三分之一，成为第一大产业。但进入九十年代以来，澳门制造业明显放缓，1990年以后年平均增幅不到百分之二，其产值占澳门GDP的比例也不断下降，1995年只占3.9%。厂家数量也不断减少，由1991年的2069家减少到1995年的1502家。澳门制造业的廉宜原因在于澳门近些年劳动力成本和土地成本不断上升，使大量劳动密集型的轻纺企业迁往珠三角，从深层原因来看，是由于澳门工业业力持升级缓慢，科技含量低，过分依赖于低劳动力成本。如果不迅速运用现代化技术改造和武装传统制造，恐怕澳门制造业今后的处境将更加艰难。

- 发展

港珠澳大桥连接香港、珠海、澳门三地，旨在将港珠澳三地与珠三角尤其是广东自由贸易试验区作为紧密的经贸联系和联动发展。
澳门引进澳合新模式的同时，必将引进澳新科技与人才，推动澳门制造业的转型与改造。
因此，黑沙环工业区作为澳门入并且历史最悠久的工业区，应该给予其保留和保护，对现有业态进行整合，并且仍以工业作为主要产业继续发展。

提出策略
业态整合

- 整合目标
1.原本的工业大厦保留工厂，贸易公司与货物仓库，招纳更多工厂进驻。
2.把其他产业清理出来，在片区寻找其他空间存放，作为活力资源吸引人流。

SPACE ?

观察发现

2 居住痕迹？

- 楼道的折叠床
- 防火层的转杆
- 防火层的休息区
- 屋顶的搭棚住所
- 楼道的折叠床
- 防火层的帐篷

深入调查
工人生活

- 工人数量

澳门工业的没落直接导致澳门工业劳动人数逐年下滑，由于澳门高昂的物价和日益上涨船高的房价，澳门工人的薪酬一直居高不下，有逐年上涨的态势。因为内地工人低廉的新资需求，导致澳门外来劳工在澳门工业逐步没落的情况下，依然呈现出上升态势。

- 无处安居

澳门土地有限，住房数量不足，导致很多工人无处安居，只能在工厂搭帐篷或者打折叠床睡觉。

- 奔波于双城间

"一个关口，两座城市，两点一线"是在澳门外劳每天的迁徙路线。他们每天早出晚归，奔波在路上。他们来回往返的时间长达五个小时，奔波的生活让他们疲惫不堪。

- 生活枯燥

虽然澳门是闻名世界的旅游城市，但是作为澳门的一份子，澳门工人并没有机会享受澳门的中西合璧、山光水秀，因为他们工作劳累、薪酬低廉，没有足够的时间和金钱参与娱乐活动。

- 家庭分离

工人们天天无休就出门，回到家里已是晚上。一周休息一天还常常要加班，导致与家人团聚时间极少，无法与家人共享天伦之乐。

提出策略
工人社区

- 社区目标
1.改善工人的居住环境。
2.丰富工人的业余生活。
3.减轻工人的经济负担。
4.提升工人的社会地位。
5.为工人的家庭团聚提供机会。

SPACE ?

观察发现

3 环境不良？

- 从建筑顶多出去是是密密麻麻的破烂的高楼，景观不良
- 马路很窄，车很多，交通环境不良
- 人行道宽度小，没有绿色植物，生态环境不良
- 场地单一，工厂入界形明显，标识环境不良

深入调查
生态环境

- 生态链断裂

由于澳门土地资源的紧缺，不得已在发展过程中进行了大规模的填海造陆的行为。在此过程中对于基地周边的螺丝山、望厦山进行了开山取土，造成了基地周边的绿化景观破坏，先前连续的绿化资源在城市建设的过程中，被分割成碎片，散落分布，导致生态链断裂。

填海前绿化情况　　填海后绿化情况

- 道路环境

由于澳门土地资源的紧缺，澳门道路狭窄，没有行道树，人的步行体验极差。

- 周边环境

望厦山
螺丝山
天后庙
街心公园1
祐汉公园
街心公园2
黑沙环公园
黑沙环滨海公园

1. 街心公园1
2. 街心公园2
3. 祐汉公园
4. 黑沙环公园
5. 黑沙环滨海公园

提出策略
提升场地环境

- 环境目标
1.重建生态，增加绿色植物，为基地创造绿色景观。
2.建造更多公共活动场地给基地居民使用。
3.设计舒适怡人的步行系统。

SPACE ?

寻找 SPACE!

基于屋顶空间的再生产
——澳门黑沙环工业区更新设计

榕树概念阐释

榕树特征：
榕树生长快，侧枝和侧根非常发达。枝条上有很多皮孔，到处可以长出许多气生根，向下悬垂。这些气生根向下生长入土后不断增粗而成支柱根，支柱根不分枝不长叶。榕树气生根的功能和其他根系一样，具有吸收水分和养料的作用，同时还支撑着不断往外扩展的树枝，*使树冠不断扩大。*

概念转换：
在黑沙环工业区混杂的环境下，统一整合难度较大。因此在设计中，应用榕树自然生长的特征，在该片区中选取*特定的建筑*作为树干进行更新，通过植入*空中社区*模拟树冠，以特定建筑为起点开始生长，在生长过程中逐渐长出气生根影响特定建筑所在的片区，使得片区不断*自我整合*，使得空中社区不断壮大。

COMMUNITY
AS
BANYAN

榕树
社区

基于屋顶空间的再生产
——澳门黑沙环工业区更新设计

树冠 → 屋顶社区
树干 → 中层改造
树根 → 入口广场

工业主题
该片区原本产业多为制造业与贸易。入口建筑为制造业最多的建筑，因此选定此建筑为工业主题片区的标志。

社区配套主题
该片区多为住宅、超市，入口建筑现存有少量制造业，并且空置率较高，因此选定此建筑为社区主题片区的标志。

中层改造
把入口建筑的15层改造成为澳门黑沙环工业区历史博览和工人的临时休息室。

社区入口1

中层改造
把入口建筑的13~15层改造成为社区康乐中心。

社区入口2

① 在某片区内选取一个建筑作为标志，通过营造前广场强调建筑入口。

② 进行中层改造，置换标志建筑最高层的功能，并置入垂直交通体。

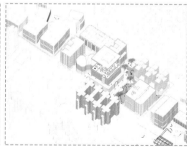

③ 以标志建筑为原点作放射状道路，连接标志建筑与其他建筑。

④ 建立连通片区各屋顶空间的道路网络，引导人流通往屋顶社区的各个地方。

⑤ 在空中道路网基础上放置小盒子，置入多种功能。

⑥ 盒子在自然生长过程中逐渐扩散，数量越来越多，影响标志建筑附近建筑的内部。

文体娱乐主题
该片区多为工业建筑，但已经有许多多文化产业的出现，例如舞蹈社、工厂排练室和音乐室。且工业建筑多为低层建筑，其立面极有特色。因此选定此建筑为文体娱乐主题片区的标志。

创意办公主题
该片区多为工业建筑，但有许多单位已经用作公司的办公室。办公环境较多，因此选定此建筑为创意办公主题片区的标志。

教育培训主题
该片区分散着学校、住宅及少数工业建筑，且环境安静，交通便利。因此选定此建筑为教育培训主题片区的标志。

中层改造
把入口建筑的5、6层改造成为社区图书馆。

社区入口3

中层改造
把入口建筑的17层改造成为创业孵化基地。

社区入口4

中层改造
把入口建筑的17~18层改造成为教育管理基地。

社区入口5

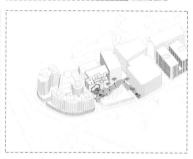

基于屋顶空间的再生产
——澳门黑沙环工业区更新设计

VISION ELEMENTS
愿景要素 | 爱环社区所应体现出的特质

creative and interesting
美好生活 sustainable peace
natural symbiosis
self-sufficient avant-garde life
永续和平 peaceful life
自给自足 自然共生
活力开放 生态社区 有序自治
ecological community
ordered autonomy
vitality and openness

PEACEFUL LIFE
美好生活 | 社区的建设应强调黑沙环工业区稀少自然绿化、缺少公共活动空间、主题单一等问题。

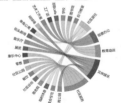

依据片区内部现状和问题，赋予社区以社区服务、文体娱乐、教育培训、创意办公、社区居住五个主题，用以满足社区居民日常生活所需。

ELECTRICITY SUPPLY
电力供应 | 基于太阳能和风能等可再生能源产生电力对环境无影响，节能环保。

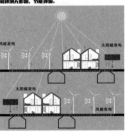

WATER SUPPLY
水源供应 | 基于澳门较为丰沛的降水量，对于雨水收集再利用较为可观。

CITY TEXTURE
城市肌理研究与叠加

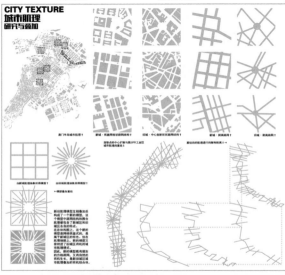

ORDERED AUTONOMY
有序自治 | 社区内部应建立自治体系，应对自治协议中可能存在的异议问题。

选取居民代表，建立社区自治机制用以处理社区日常事务，人员薪酬应由基金会拨出。

应成立社区基金会，用以社区内部发展过程中的公共设施建设等。

社区居民应经过讨论制定签署社区自治协议，用以约束居民日常行为，维护社区正常运转机制。

公共空间的使用应建立在本社区居民优先使用的前提下，建议如有需要，在经居民同意后对外开放共享。

FAMILY FARM
家庭农园 | 社区住所专属家庭农园，拥天然绿色无公害的健康产品，在满足自身所需的同时，剩余的部分可以为社区居民带来额外的收入。

NATURE SYMBIOSIS
自然共生 | 基于黑沙环工业区内部缺少绿化景观的现状，希望能够在爱环社区园谋求更好的共享景观。

SELF-SUFFICIENT
自给自足 | 充分利用爱环社区内主要的种植资源。

食物供给
雨水收集净化利用
电力产生

公共活动场地透视图

162

基于屋顶空间的再生产
—— 澳门黑沙环工业区更新设计

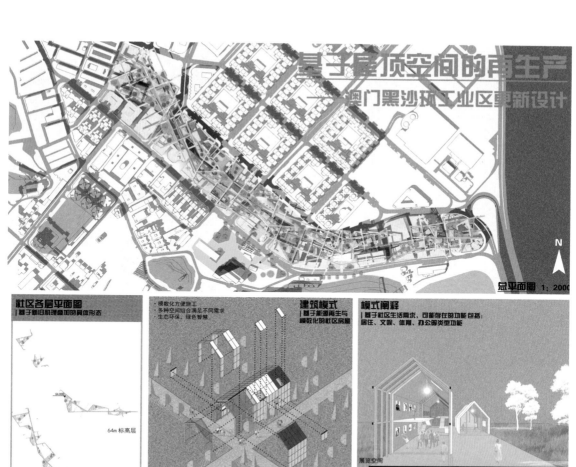

N

社区各层平面图
| 基于新旧肌理叠加的具体形态

64m 标高层

71m 标高层

76m 标高层

81m 标高层

86m 标高层

91m 标高层

· 模数化方便施工
· 多种空间组合满足不同需求
· 生态环保，绿色智慧

建筑模式
| 基于能源再生与
模数化的社区房屋

模式阐释
| 基于社区生活需求，可能存在的功能包括：
居住、文娱、体育、办公等类型功能

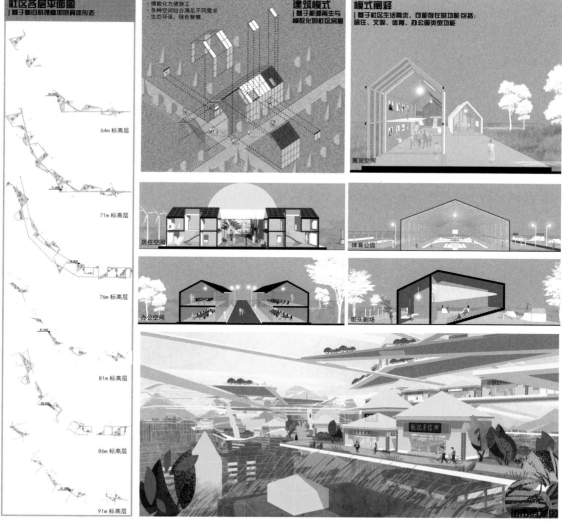

展览空间

居住空间

体育公园

办公空间

街头剧场

街市透视图

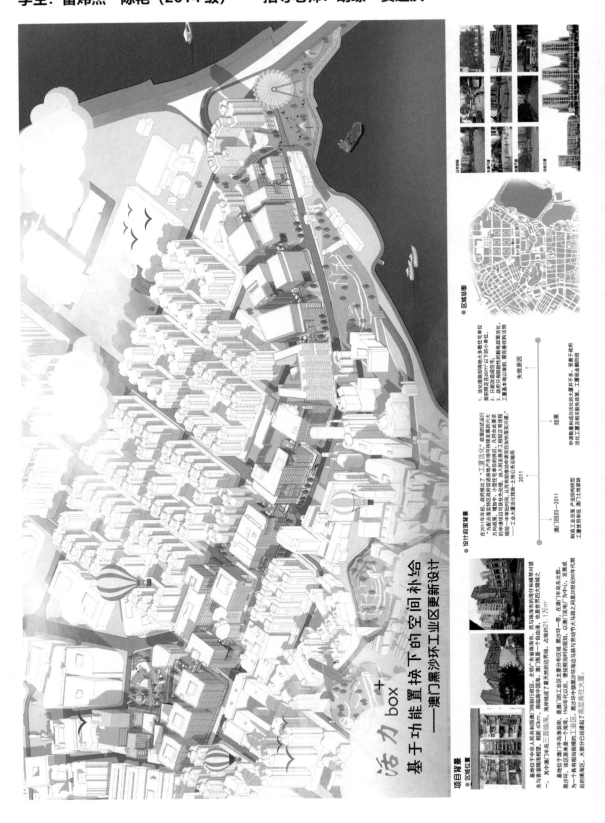

基于功能置换下的空间补给
——澳门黑沙环工业区更新设计

活力+box

项目背景

● 区域位置

基地位于中华人民共和国澳门特别行政区。北邻广东省珠海市，西与珠海市的湾仔和横琴岛隔望，东与香港隔海相望，相距60km，南向澳门半岛三面临海。

其中澳门半岛北部黑沙环工业区，为一个狭有相当规模的工业区。1960年代以后，便按照填海的规划，以澳门发地厂为中心，发展成为黑沙环一个小街市。黑沙环海边的环海边有大码头之间地处20世纪初的80年代中期后形成的，大部分已经建起了高层商住大厦。

设计政策背景

澳门回归—2011

在2011年年初，政府推出了"工厦活化"政策的运行"为配合落实政府促进地产市场持续繁荣发展的大方向政策，增加中、小型住宅单位的供应。凡符合此要求的申请项目可获优先处理，由入局主导开工程较为常见实施"编知一年审批时间，从而有利于推动申请项目加快落实实施。"——工业大厦活化推进土地多条运输角

结果

申请数量和成功活化的大厦并不多，受惠于政府活化工厦及利其制失败免政策，澳门土地紧缺

失败原因

1. 活化措施却吸引大多数住宅单位，面积限定在60m²以下的单位。
2. 只能改造成住宅，
3. 政府不相应政府的优惠政策成本，工厦基本无法收购改造比例

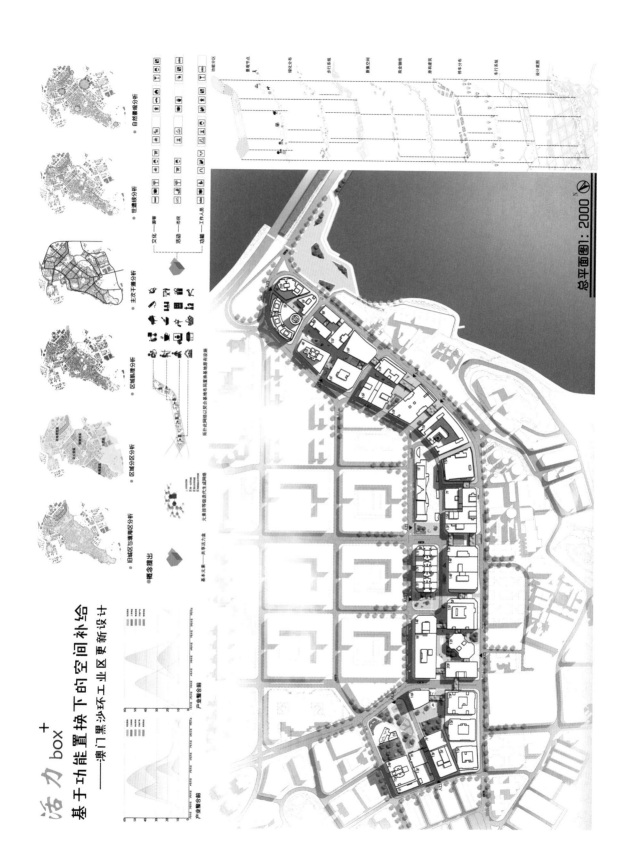

活力box+

基于功能置换下的空间补给

——澳门黑沙环工业区更新设计

总平面图1：2000

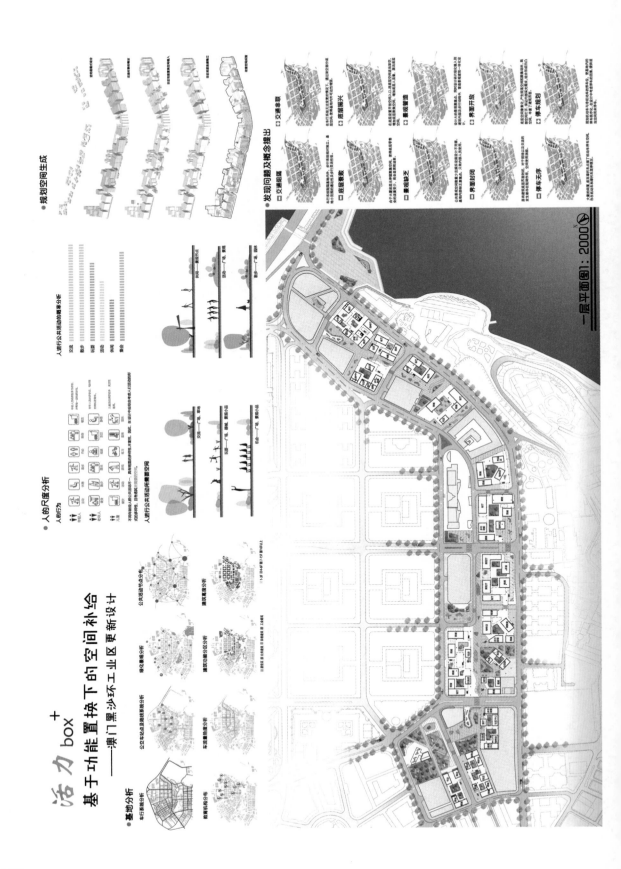

活力box+

基于功能置换下的空间补给
——澳门黑沙环工业区更新设计

●基地分析

车行系统分析

教育机构分布

公交车站点及线路系统分析

绿化覆盖分析

车流量热度分析

公共活动区分布

建筑功能区分析

●人的尺度分析

人的行为

人进行公共活动所需置空间

●规划空间生成

●发现问题及概念提出

交通串联

房屋振兴

景观覆盖

界面开放

停车规划

交通阻隔

房屋衰败

景观缺乏

界面封闭

停车无序

一层平面图 1:2000

166

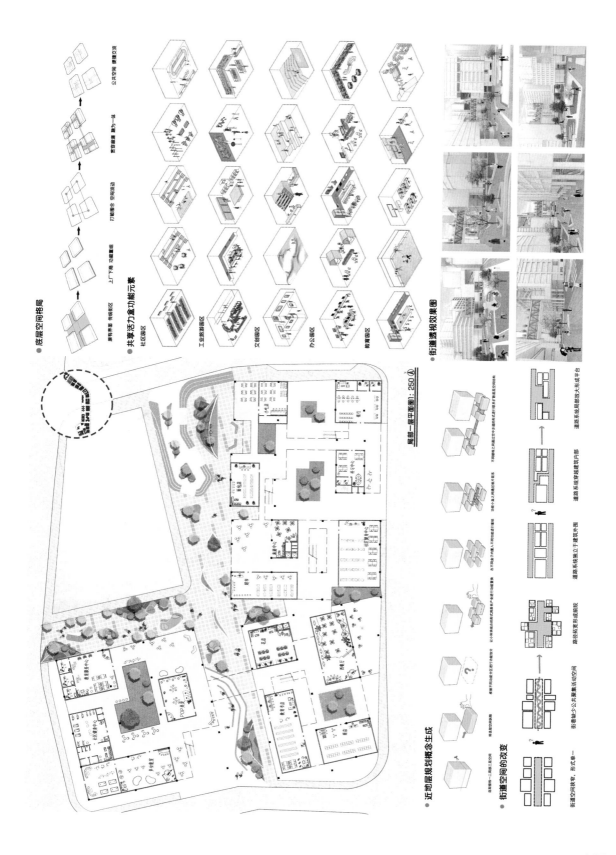

● 底层空间格局

公共空间 便捷交规

● 共享活力盒功能元素

社区园区
工业旅游园区
文创园区
办公园区
教育园区

整合聚集 融为一体

打破混合 空间流动

上厂房 功能叠组

原有界面 传统街道

局部一层平面图1：250 ①

● 街道透视效果图

● 近地层规划概念生成

街道空间的改变

街巷间模糊，形式单一

道路系统局部大形成平台

道路系统穿插建筑内部

道路系统独立于建筑外围

路径和发形成断院

167

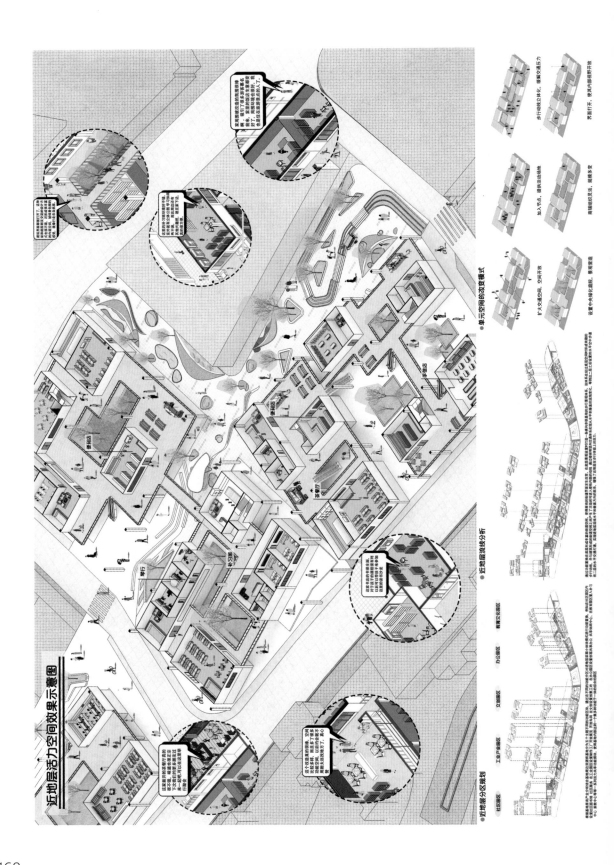

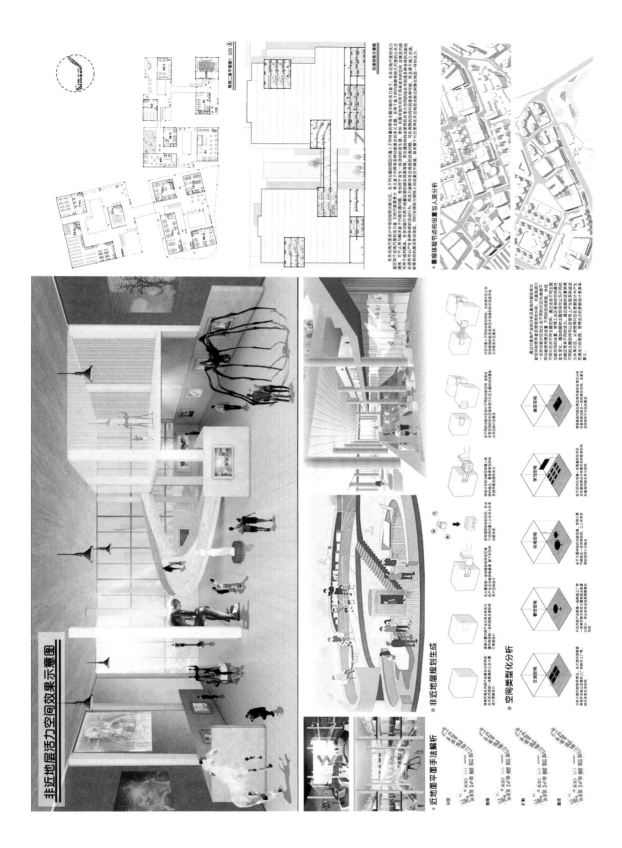

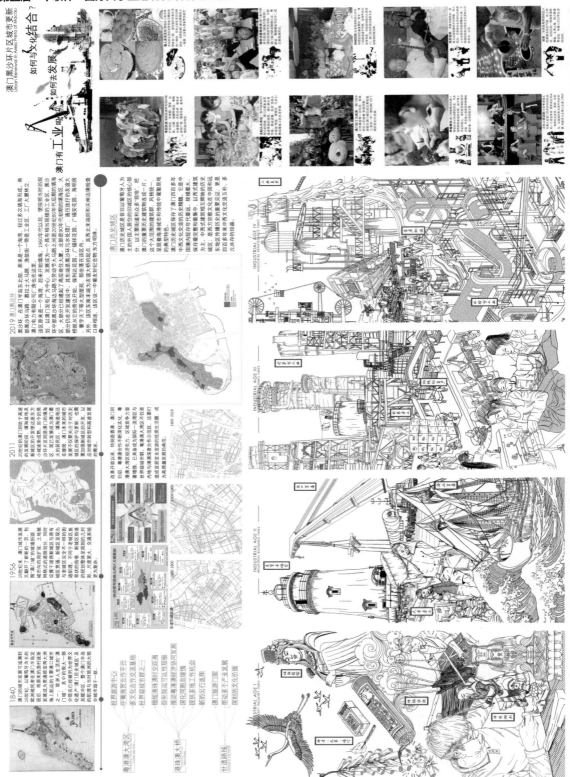

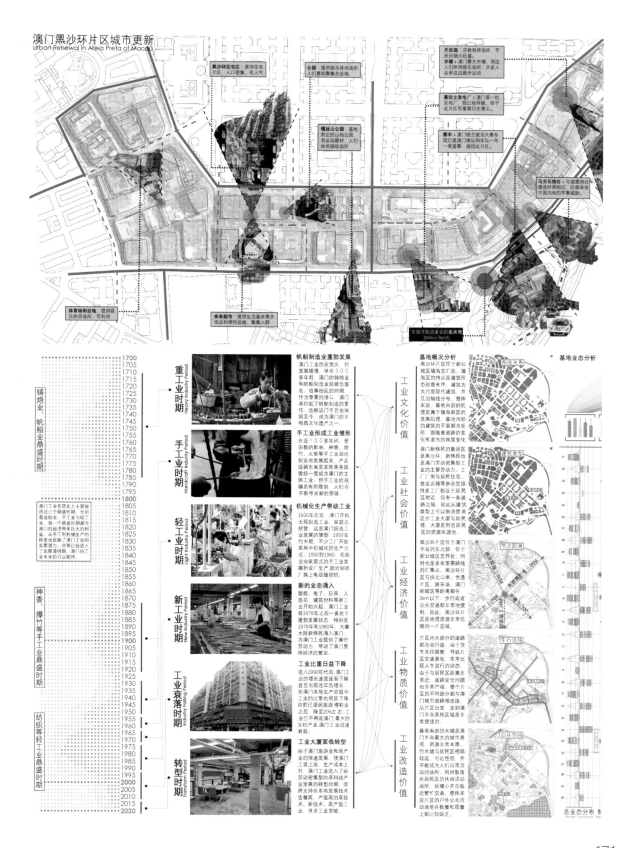

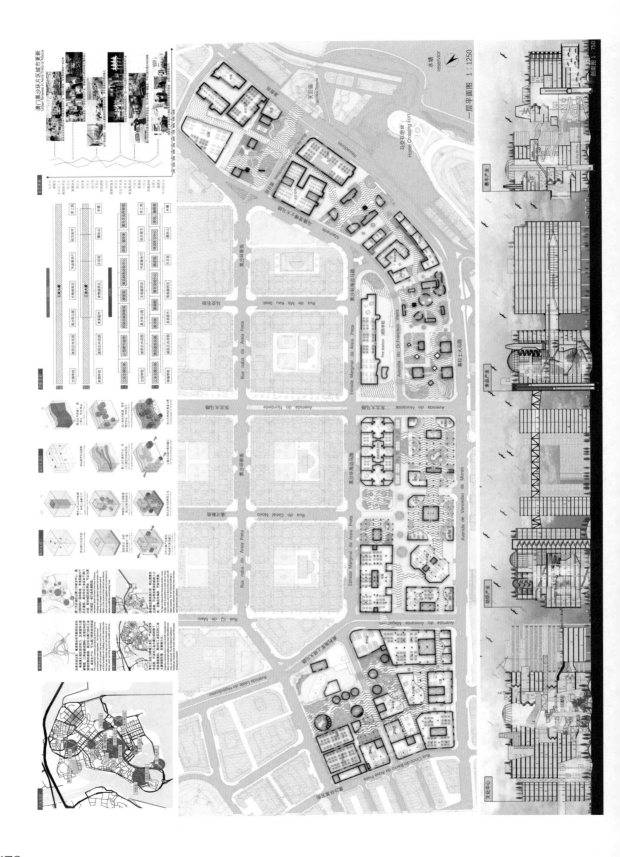

澳门黑沙环片区城市更新
Urban Renewal in Heisha Area of Macau

一层平面图 1:1250

剖面图 1:750

172

澳门黑沙环片区城市更新
Urban Renewal in Area Project of Macau

景观步道

垂直绿廊

工业主题公园

绿化点3--景观步道

绿化点2--垂直绿廊

绿化点1--工业主题公园

Perspective scene 1: 因为步道部分连接公园与工业建筑附近的步
道，设有许多活动物供人们休憩、活动等娱乐，设有许多活动的供人们休息。

Perspective scene 2: 景步步道，一直连接着景观与连接过来的水池，景观效果
道，有许多活动提供供人们休憩、活动等娱乐，设有许多活动提供人们休息。

Perspective scene 1: 从工业大厦群与工业建筑步道连接其周边景观及山
地步行道路，半径有许多景观或添加和小摆放，人们可以全在景观往上休息。

Perspective scene 2: 一条绿色的连接景观一型绿地设有一个主题公园为主题,
同时也能增建二家大厦景观绿化植物的景观物园地绿色园地更为热活力。

Perspective scene 3: 绿植和多个很多，人们在不同绿地连接一处主题公园为主
的绿色植物。每层的严密性连接着人，小型设有以及 小型绿色以及连接在
的绿化植物，同时也可以从人们休息绿绿色相连并的的连连连连连连一。

Perspective scene 3: 绿植和多个很多，人们行行在不同绿地连接行走主题绿园,
的绿色植物，同时山行以及绿其景观绿色，让人们以行行活及其绿色。

Perspective scene 1: 人们可以通过工业主题公园的景观步道，人们可以从其走
本是连接景观的体息，有景观开发大及庆添那地绿景观绿色观步道。

Perspective scene 2: 景观连接工业主题公园有景观的工业景观绿绿道，也是
以其化及绿体连的工业文化，同时也增添了更大绿体多绿化绿的活力。

Perspective scene 1: 因为工业主题公园有主题景观，创造景观设行绿色景观，让人行连其景观
景行山绿行绿其中的主题，同时连景观绿景观的主题，构建景观它绿行让其一绿一色。

173

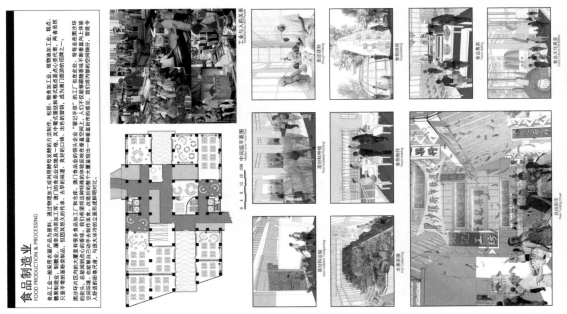

食品制造业
FOOD PRODUCTION & PROCESSING

食品工业一般采用农副产品为原料。通过物理加工或利用酵母发酵来制作，包括：酿造业、粮食加工业、糕点、糖果制造业、制糖业、屠宰及肉类加工业等，其中电影式食品点是最大的类代表，两者有虽然只是平常的普通食物类，但因其然采人的传承，良好的口碑，出色的包装，成为澳门旅游的招牌之一。

黑沙环片区内的大量里有很多食品工厂和作坊。澳门食品企业的领头企业是要在这里，每每在这里的环境的街头。总能看到点心的香味。我们希望这种传统的传统反应快保在重在体空间环境，也能看自己动手去制作，在前的整个大量里现出一种最直观的体验，整体令人群道的街巷尺度，与近大冷冷的立形成鲜明对比。

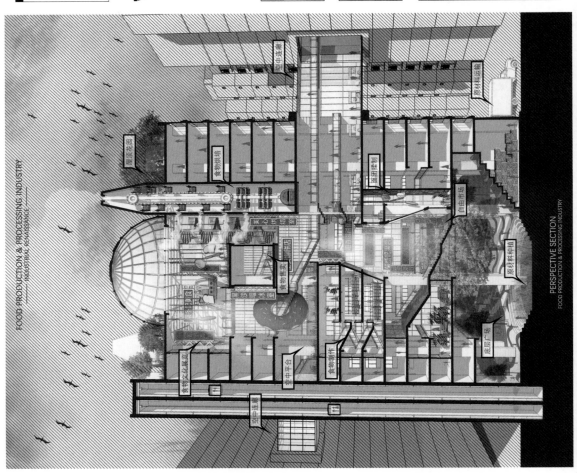

174

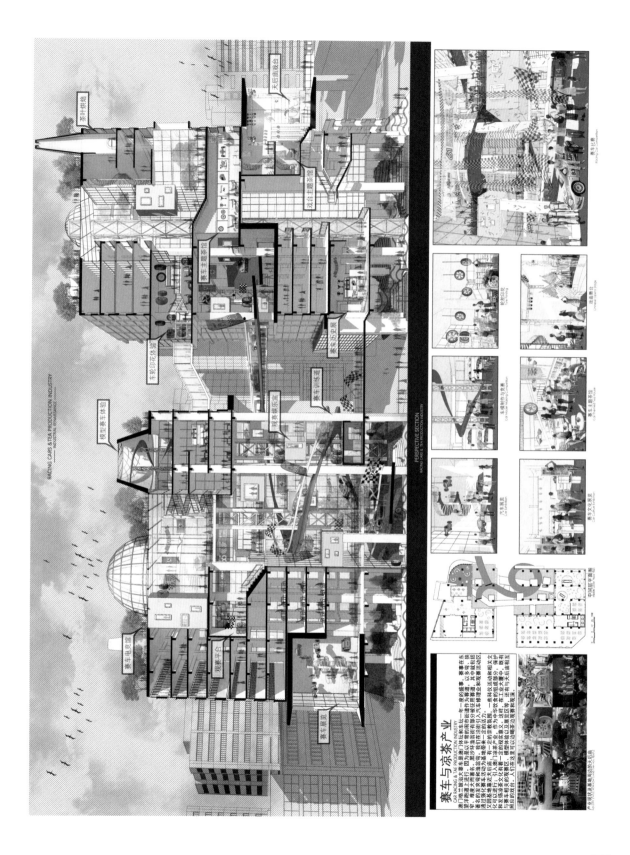

RACING CARS &TEA PRODUCTION INDUSTRY
INDUSTRIAL RENAISSANCE

PERSPECTIVE SECTION
RACING CARS & TEA PRODUCTION INDUSTRY

赛车比赛
Racing Car Competition

轻煮日花
Tea Printing

改造售台
Chinese Guest Shop

生活制作与赛车
Car Production & Competition

赛车主题茶馆
Car-Themed Tea House

汽车展览
Car Exhibition

赛车文化展览
Car Culture Exhibition

中原层平面图
Middle Layer Plan View

赛车与凉茶产业

CAR RACING & TEA PRODUCTION INDUSTRY

澳门格兰披治大赛车是澳门门每年一度的盛事。赛事在东望洋跑道进行，赛道以狭窄崎岖和高低落差大著称，以高难度见称。我们的赛车道引入汽车赛活动区。

通过强化赛事活动为地标。一些科技活动和相关文化图基地推近天后庙。作为中华饮食的代表，医养与赛车场和文化赛区，模型体验公及赛赛道等，还有与天后庙相互辉映的戏台。人们在这里可以边喝凉茶边观赛和观赛。

产业现状及基地利用的天后庙

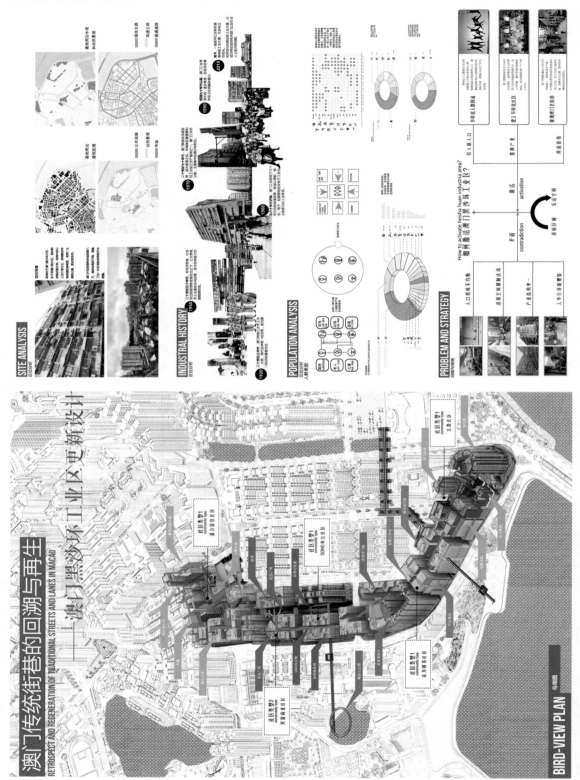

SITE ANALYSIS

INDUSTRAL HISTORY

POPULATION ANALYSIS

PROBLEM AND STRATEGY

How to activate heisha huan industria area?
如何嘉活澳门黑沙环工业区?

澳门传统街巷的回溯与再生
RETROSPECT AND REGENERATION OF TRADITIONAL STREETS AND LANES IN MACAO

澳门黑沙环工业区更新设计

BIRD-VIEW PLAN 鸟瞰图

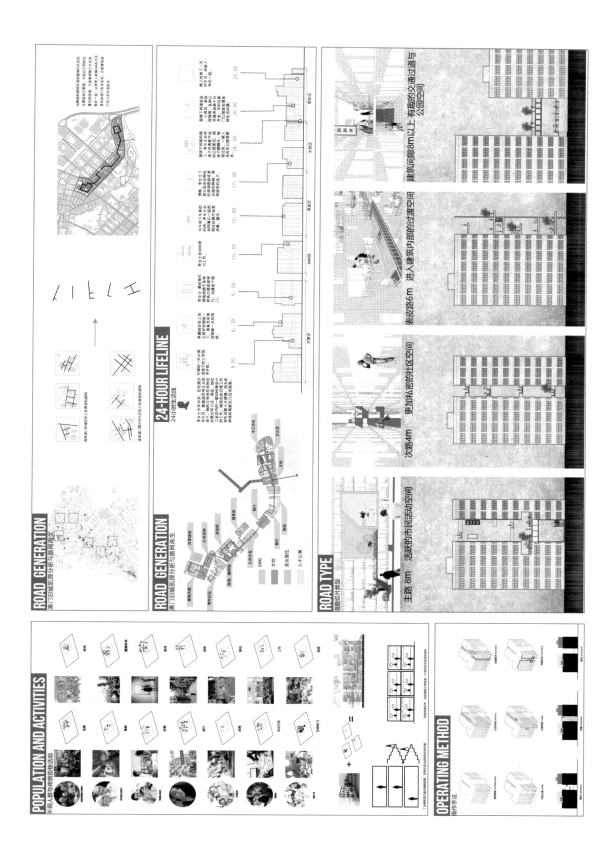

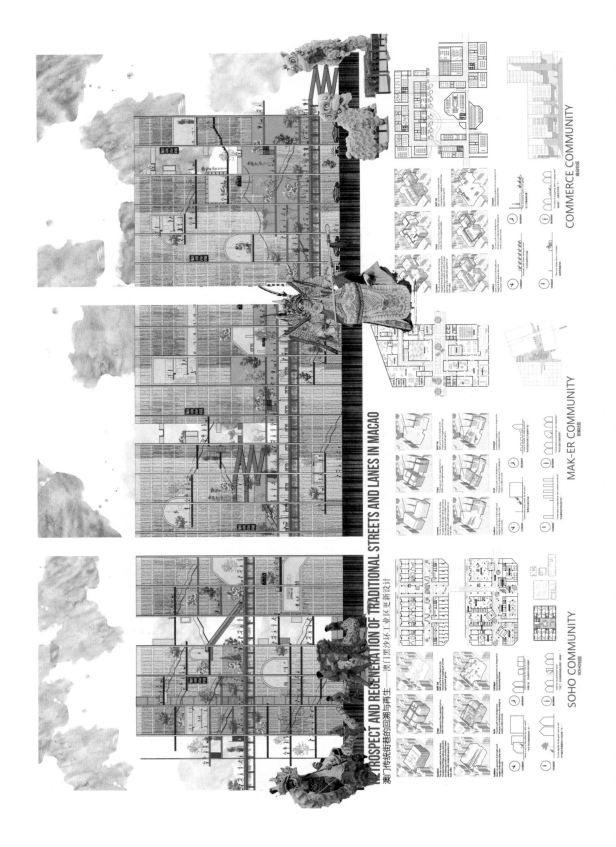

RETROSPECT AND REGENERATION OF TRADITIONAL STREETS AND LANES IN MACAO

澳门传统街巷的回溯与再生——澳门黑沙环工业区更新设计

COMMERCE COMMUNITY 商业社区

MAK-ER COMMUNITY 创客社区

SOHO COMMUNITY SOHO社区

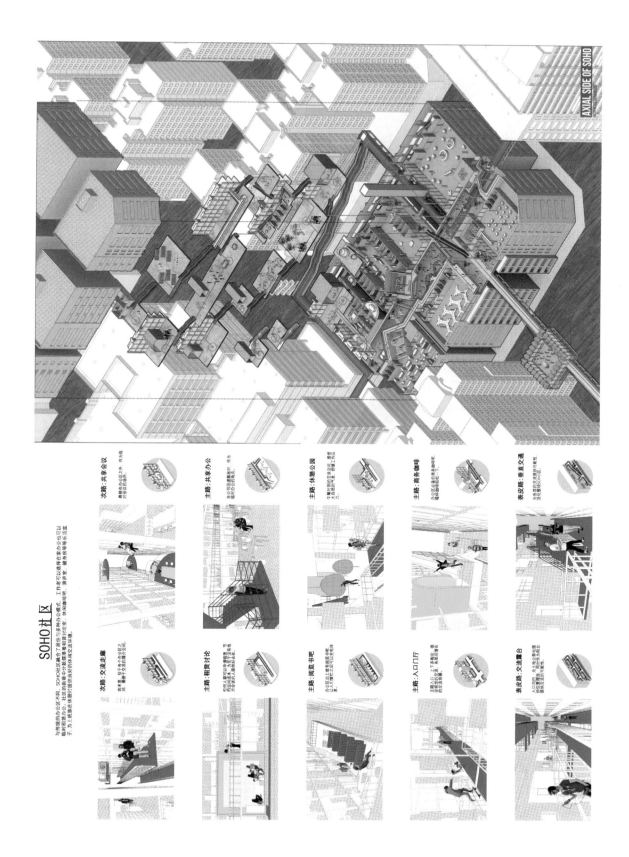

AXIAL SIDE OF SOHO

SOHO社区

与传统的办公区不同，SOHO社区融合了居住与多种在家办公模式，工作者可以选择在家办公也可以临时租赁办公。社区的底单中分散着更租赁时空间、休闲咖啡吧、演讲室、健身房等娱乐活动分子，为上班族在休憩的提供良好的休闲交流本境。

次路：共享会议

次路：交流走廊

主路：共享办公

主路：租赁讨论

主路：休憩公园

主路：阅览书吧

主路：商务咖啡

主路：入口门厅

表皮路：垂直交通

表皮路：交流露台

179

创客社区

创客社区对环境有着特殊的创造需求且作为一个整体具有吸引力，我们对它进行全面的动态功能性重构和定制的探索需求，共享空间对流通具有独特性立意创客社区的核心公共车、社区的核心是创客们聚集的几何空间，让空间由社区展示从入一并给你留出了重要的社区要素，并且对创客的社区意识产生本设计环境。

主路：制造工坊
创建主路之上，聚集着各类的展示制造，为创客展开提供创造精神的几何空间。

主路：玩乐空间
实现趣味的乐活空间，在其中玩乐功能的创造盒子。

次路：乐活阶梯
借寻青少年之工路之间，让创客乐活中激发充的交流空间。

主路：讨论坡道
创建主路之上下层坡地漫步，为创客代表演交流激发灵感，"伸展延足。

表皮路：花圣讨论室
为各类的交流提供可能性充满表性的交流容器。

主路：共享景观
主路上的装置景观是共享某个中景之空间，让活动营景观。

主路：VR体验区
VR体验上增添产品设计未来产业由模式未来表现表现或设计主创现代的创客行物体验。

次路：夹缝茶室
在此可以品茶激发的灵感更多借助于中医养生讨论。

表皮路：交流露台
露台的部分户外设置露置等交流，让社区的活力不再受限。

AXIAL SIDE OF MAK-ER

商业社区

与居住的幽静社区不同，此社区定点在于营造澳门繁华城市传统街市的风格感受。区域的内核整体建筑融合出一个小广场，据高区域使硬质所需活动的发生场地。骑廊、雕塑、粤剧、戏剧行进性活动穿行于此处发生。同时另外社区楼道替代旧城，那小型建成高行为穿布让人们在此作息，再现澳门人们休闲娱乐的浓墨。同时建造澳门传统文化活动的博新之走。

商业社区

AXIAL SIDE OF COMMERCIAL DISTRICT

表皮路：室外咖啡厅

表皮路：粤剧舞台

次路：商业天桥

主路：玩乐台阶

主路：景观公园

主路：艺术展区

主路：快闪商店

主路：街景餐厅

主路：服装展场

次路：内街商场

表皮路：夹缝茶室

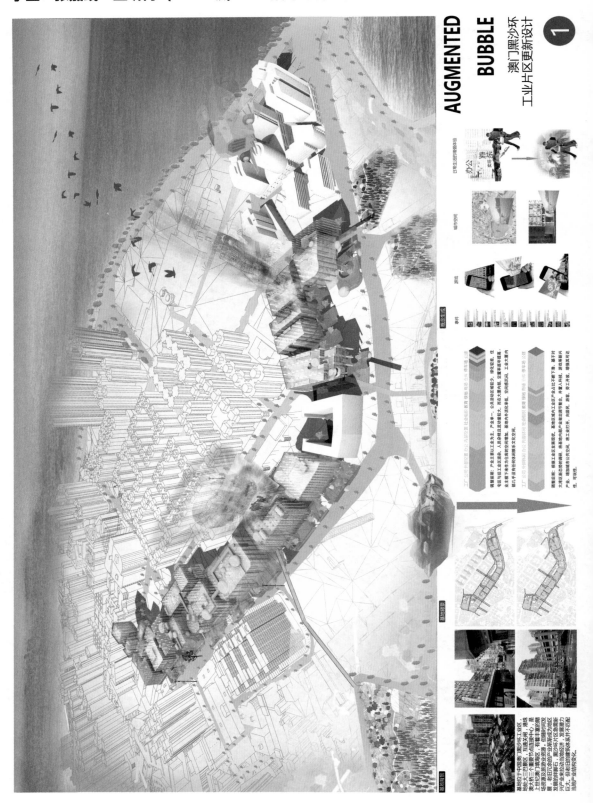

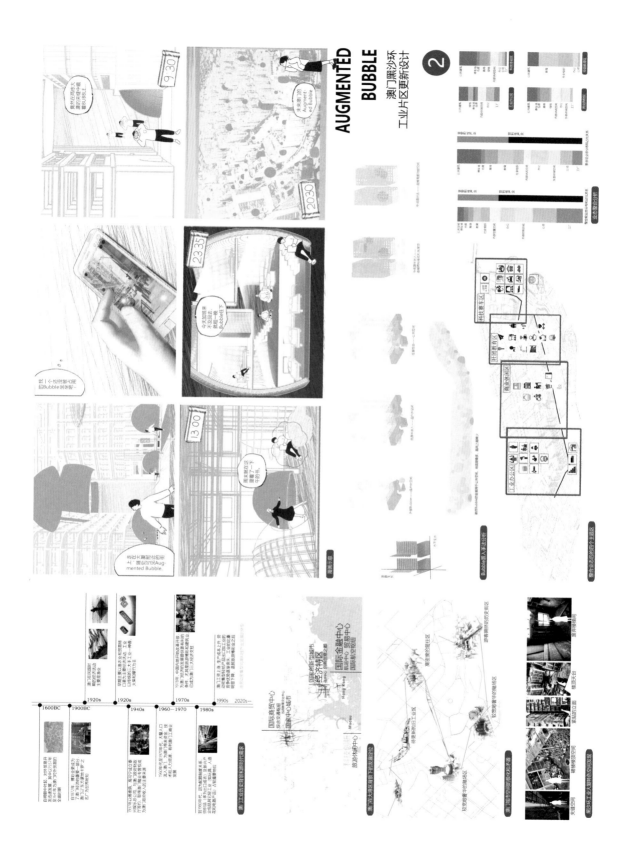

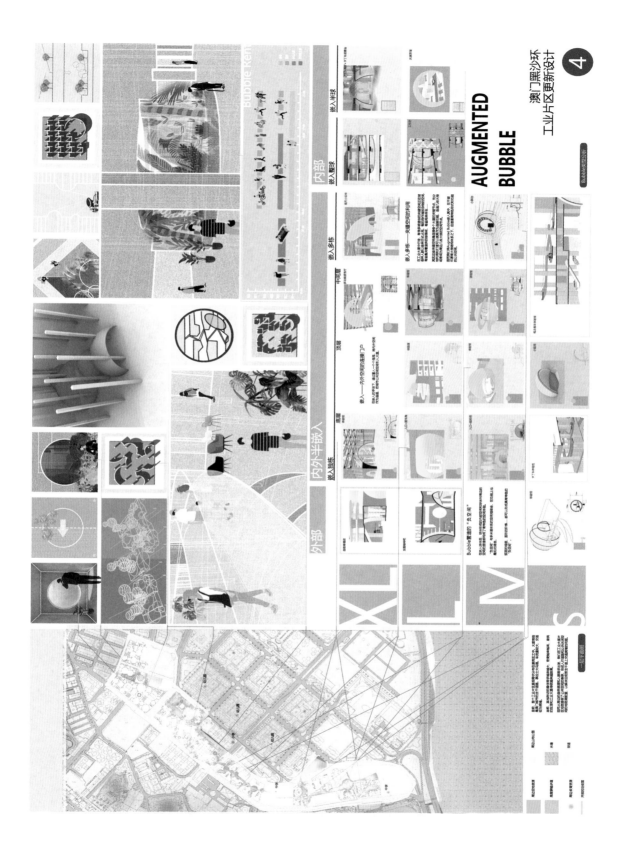

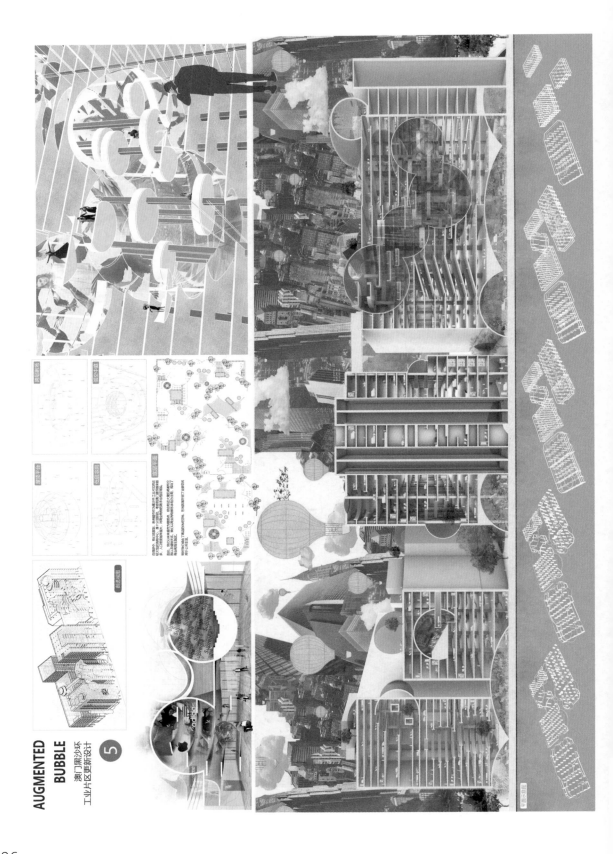

AUGMENTED
BUBBLE

澳门黑沙环
工业片区更新设计

⑤

186

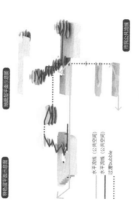

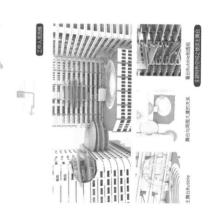

AUGMENTED
BUBBLE

澳门黑沙环
工业片区更新设计

⑥

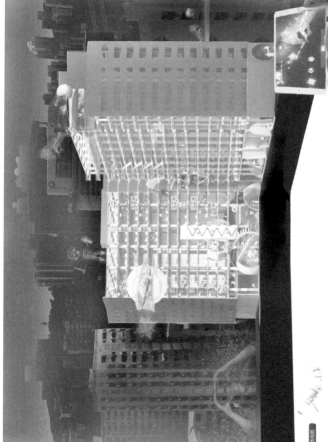

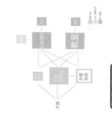

课题十："新陈代谢"——一种定制即时的城市模块
学生：徐升　潘家慧（2015 级）　　指导老师：费迎庆　胡璟

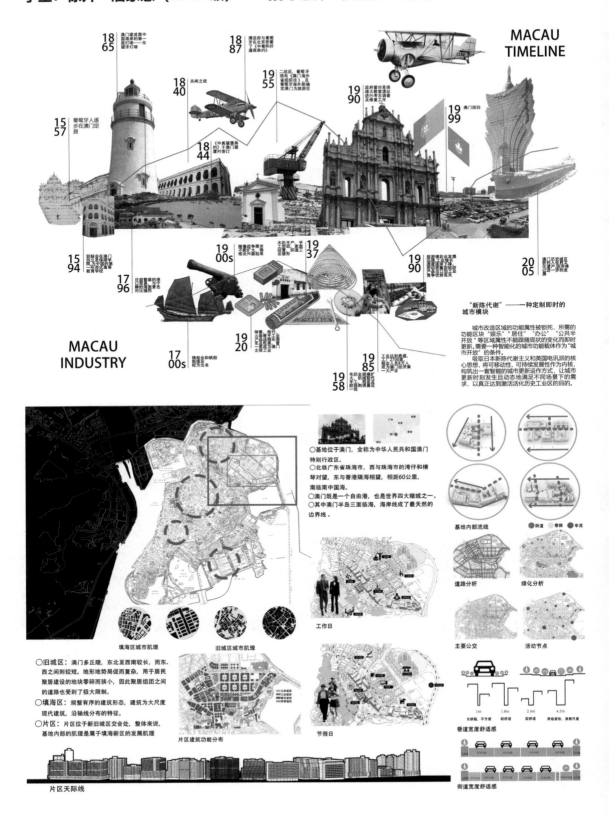

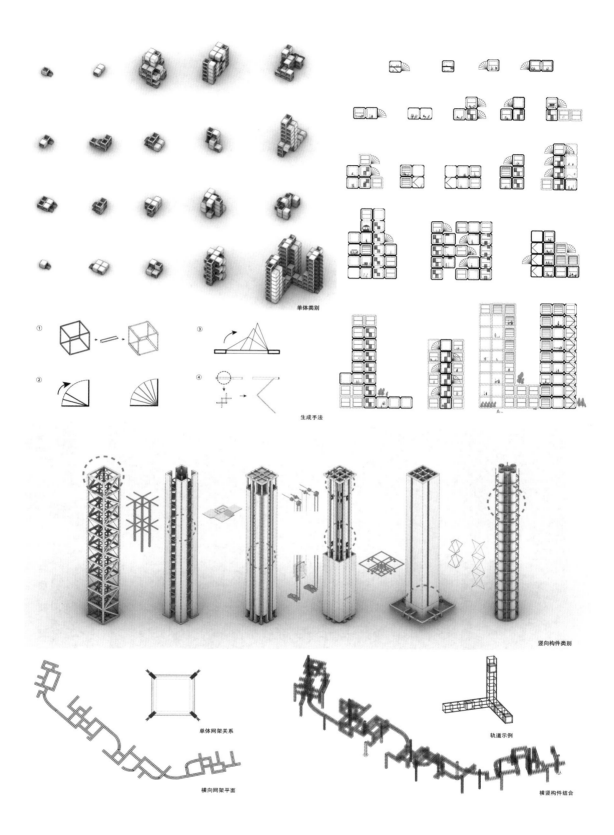

单体类别

生成手法

竖向构件类别

单体网架关系

轨道示例

横向网架平面

横竖构件结合

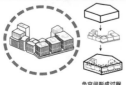

负空间形成过程

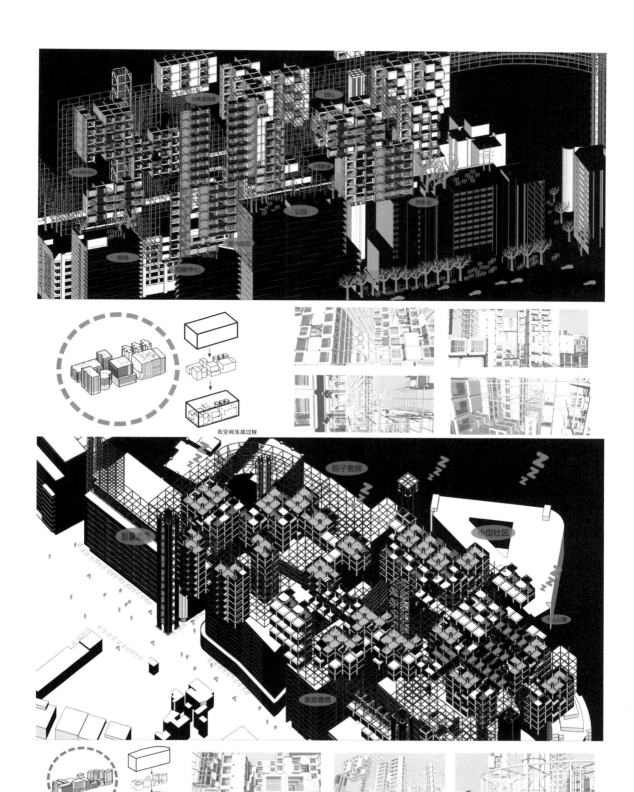

负空间生成过程

负空间生成过程

191

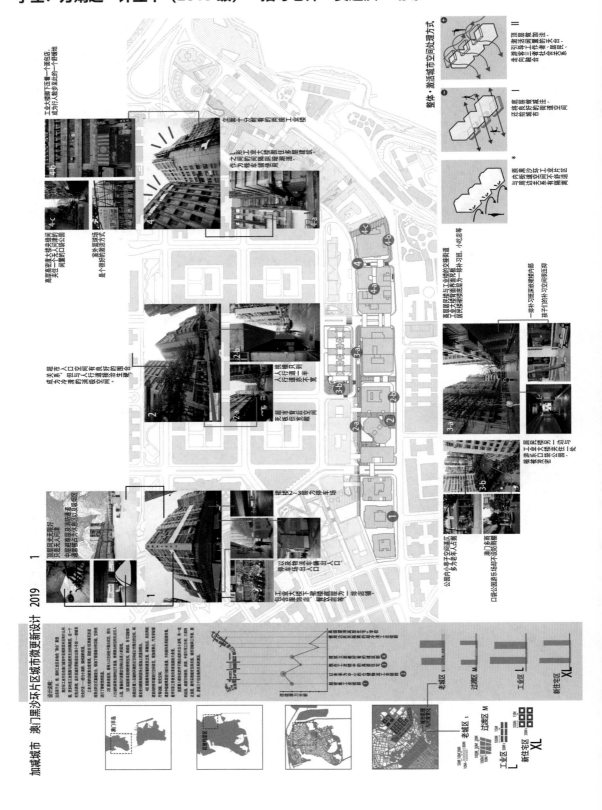

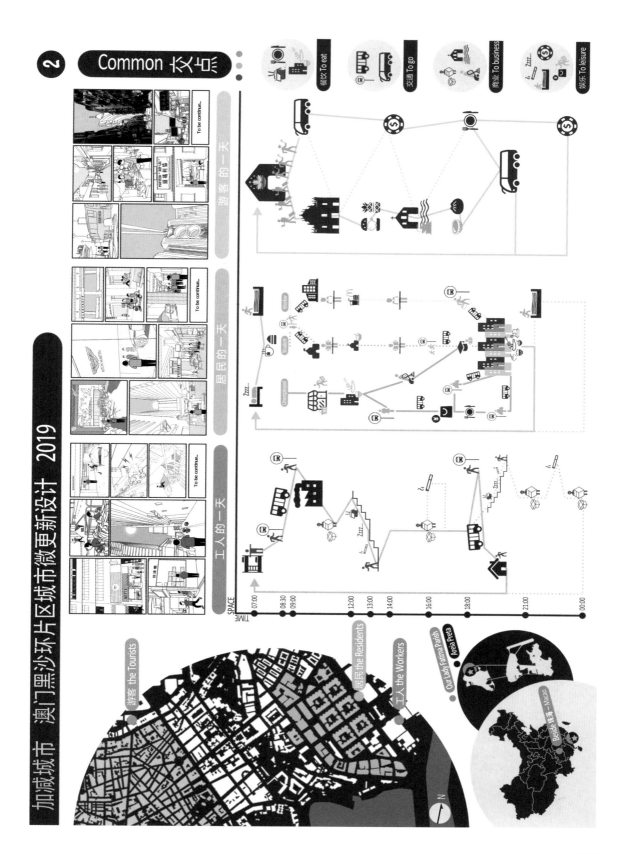

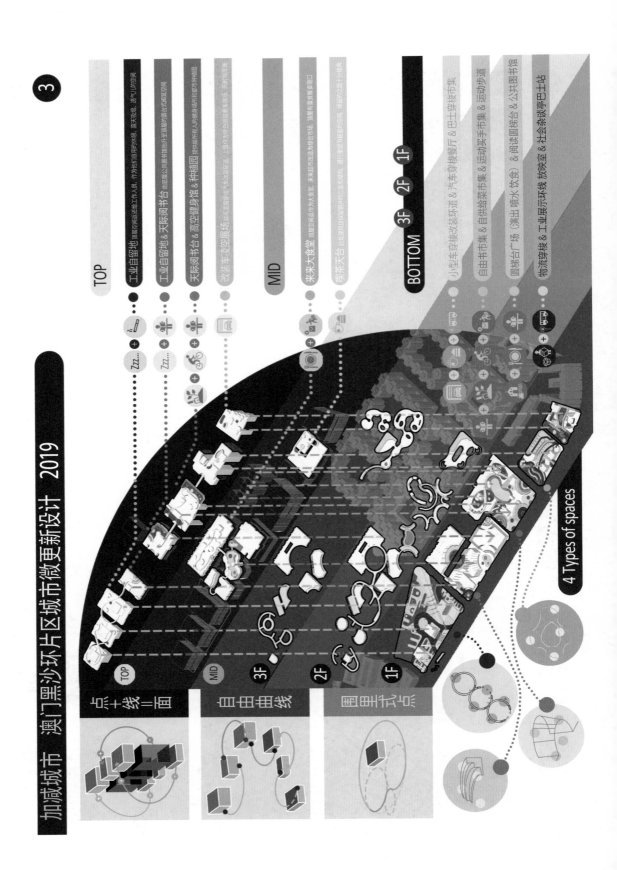

加减城市 澳门黑沙环片区城市微更新设计 2019

TOP

工业自留地 顶层空间改造给工作人员，作为他们自用的休息、露天观景、透气小空间

工业自留地 & 天际阅书台 在底层公共图书馆的天际屋所延伸至屋顶空间工具观景空间

天际阅书台 & 高空健身房 & 种植园 提供健身场所和空间 / 高空种植供应居民 有机食品和种植园

改造车�空间场 实现底层高架二楼有停车空间道 / 二层停车场停车空间道，同时提升层

MID

未来大食堂 加建空间作为大食堂，未来起市区选为综合性场 / 顶层有食堂餐窗口

喫茶天台 以边黑沙区保留的历以为动主体形成，更开放为动态型公间，保留环境为主于供用

BOTTOM 3F 2F 1F

小型车穿接改装环境 & 汽车穿楼餐厅 & 巴士穿接市集

自由书市集 & 自供绘菜市集 & 运动买手市集 & 运动步道

圆梯台广场 (演出喷水饮食) & 阅读圆梯台 & 公共图书馆

物流穿楼 & 工业展示环线放映室 & 社会杂谈亭巴士站

TOP MID 3F 2F 1F

点 + 线 = 面

自由曲线

围里求点

4 Types of spaces

194

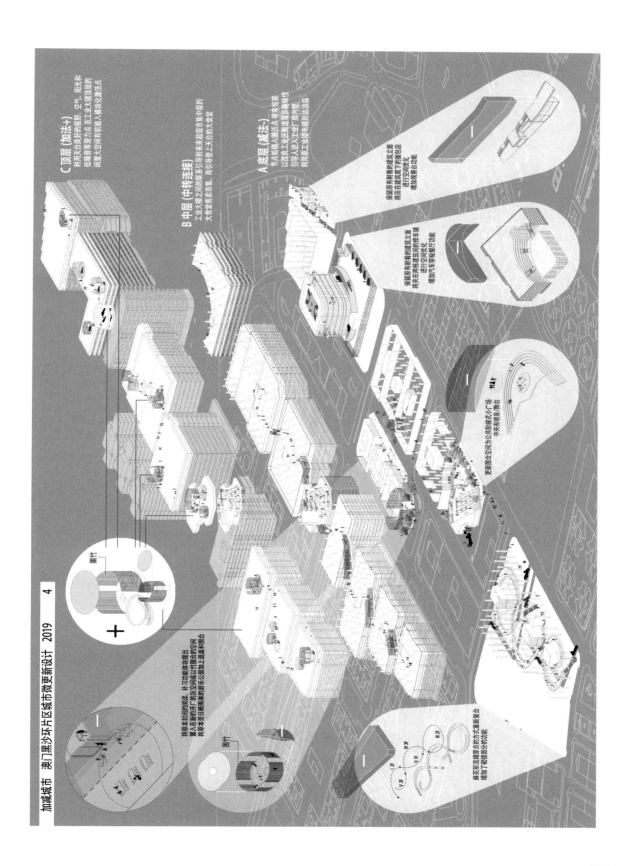

加减城市　澳门黑沙环片区城市微更新设计　2019　4

C 顶层（加法+）
利用天台良好的视野、空气、阳光和低噪音等著力点在工业大楼顶层内两置大空间有机植入模块化激活点

B 中层（中转连接）
工业大楼之间的原系引导未来更多市场中层的大食堂引导集市交集，再引导登上天台的大食堂

A 底层（减法-）
节点处植入激活点后亦带来墙立面以改良工业区域道发多趣味性在建筑流线下的面包店引导空间内部引导人进入工业厂房内增加原工业楼地到达顶层

保留原有看得建筑立面将天西拼连造间的停车辅进行空间优化增加市容展厅功能

保留原有看得建筑立面进行空间优化将原工业接地楼到达顶层

更新原合空间为办公共盼梯式小广场中央有喷泉/舞台

麻花形流线琴点的方式重新复合增加丁楼地部分的功能

墨竹

围竹

将原本封闭的街道、补习功能体块提出置入全新的开放式空间域以竹圈合的空间将原本委日暖露淋的游乐公园加上盖营和组合

围竹

加减城市 澳门黑沙环片区城市微更新设计 2019

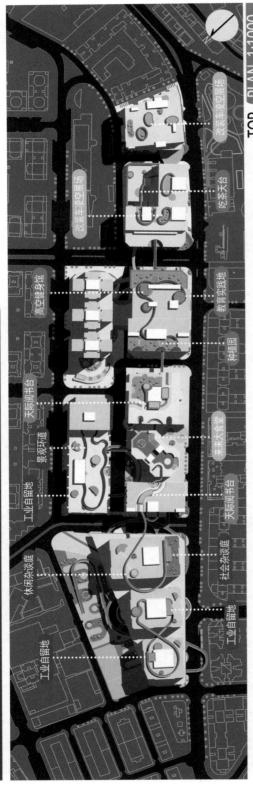

TOP PLAN 1:1000

改装车发空展场　改装车发空展场　高空健身场　工业自留地　景观环道　天际阅书格　林闲杂淡庭　工业自留地
吃茶天台　教育实践地　种植园　未来大食堂　天际阅书馆　社会杂淡庭

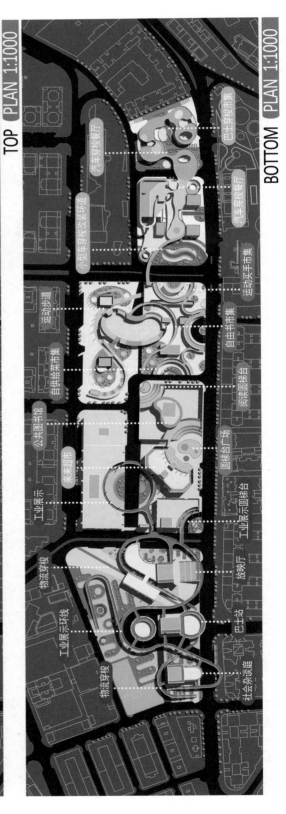

BOTTOM PLAN 1:1000

汽车穿梭餐厅　小型车穿街改装环道　运动步道　自供给菜市集　公共图书馆　未来超市　物流穿梭　巴士站　物流穿梭
巴士穿梭市集　运动买手集　自由书市　阅读园梯台　圆梯广场　工业展示梯台　放映厅　工业展示环线　社会杂淡庭
汽车穿梭餐厅　工业展示

196

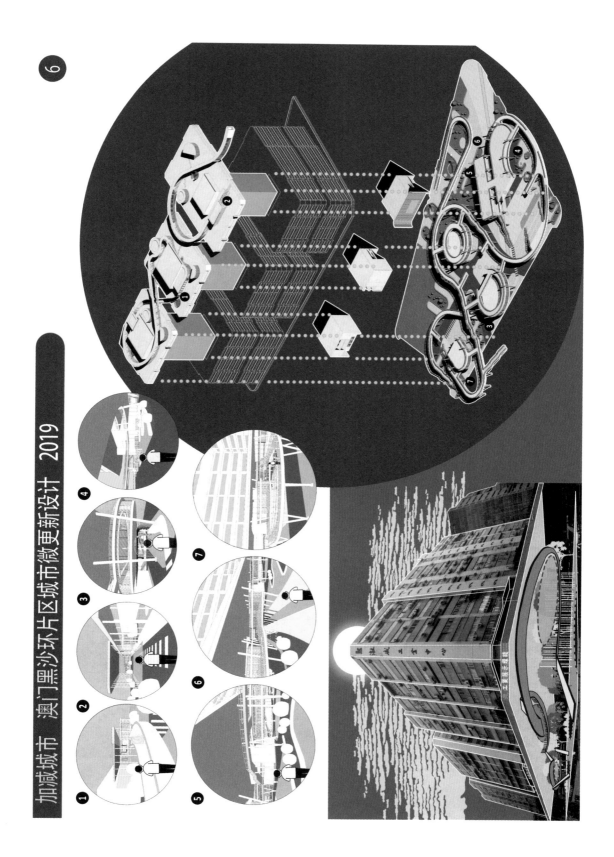

加减城市 澳门黑沙环片区城市微更新设计 2019

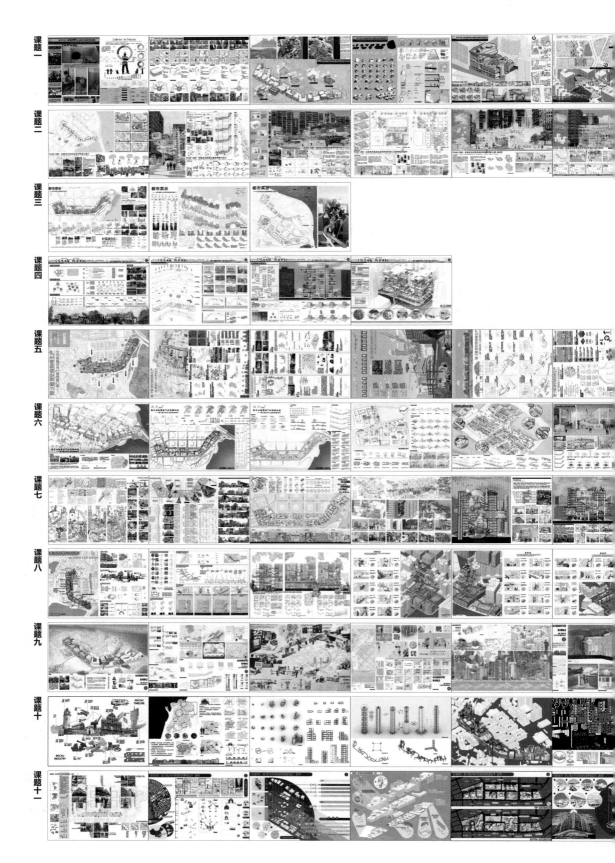

課題一
課題二
課題三
課題四
課題五
課題六
課題七
課題八
課題九
課題十
課題十一

198

后记

　　华侨大学建筑学院结合面向境外办学的特点，采用国际化视野下"在地实践"的互动式教学模式，形成具有特色的建筑学专业教育体系，通过每年一次的澳门城市更新专题设计及其成果展览等系列活动，与澳门形成了持续有效的合作交流。其中有历史风貌建筑测绘、城市更新设计等，形成丰富的成果积累。不仅如此，华侨大学还基于以上的经验，成立了针对澳门城市研究专题的华侨大学建筑学院澳门研究中心，为长期探索澳门城市发展研究奠定了基础。2020 年，《城市设计——澳门城市更新专题》获批为国家级一流本科课程。

　　2018、2019 年澳门专题教学聚焦澳门黑沙环工业片区，该片区地理位置优越，城市空间别具特色，但也面临发展停滞、空间环境混乱等问题。2019 年 2 月《粤港澳大湾区发展规划纲要》印发，此区更显示出在深化粤港澳合作，推进大湾区建设中的战略意义，亟待更新发展。我院 2015 级、2016 级本科生分别于 2018 年和 2019 年对此区域开展更新设计，并在澳门科技馆成功举办作品展。本次教学采用"选题研究＋现场调研＋工作坊＋展览研讨"的模式，学生针对现场调查发现的问题和隐藏的价值，提出更新发展的策略及意向表达，最终形成设计成果。本书收录的部分学生作品展现了学生们对此课题的思考，体现不同的视角和方法，如关注社会底层人群、解决住房短缺、复兴传统工业、立足都市景观、发展文化创新产业等。他们的方案或许还有不足，但却充满激情和睿智，展现了华侨大学青年学子的开阔视野和浓郁的人文情怀，希望能获得业内同行、社会各界人士特别是海内外华侨华人、港澳台同胞的批评指正和建议。

　　本书的顺利出版离不开华侨大学校领导、各部门领导和同事们一直以来对建筑学院的支持。同时还要感谢华侨大学澳门教育基金会、华侨大学澳门校友会、华侨大学建筑土木（澳门）协会多年的支持和帮助，使得师生们在澳门的教学开展十分愉快、顺利。

华侨大学建筑学院　院长、博士生导师
陈志宏　教授
2020 年 11 月 9 日